项目一体化教材

极限配合与技术测量

JIXIAN PEIHE YU JISHU CELIANG

主 编○李德刚 欧鸿斌 曹燕丽

副主编○谭世波 王 杰 李维国 严世祥
　　　　刘小容

参 编○朱云富 杨森宇 王 莉 谭 俊
　　　　彭 锦 吕中凯 古 雄

重庆大学出版社

图书在版编目(CIP)数据

极限配合与技术测量/李德刚,欧鸿斌,曹燕丽主编. -- 重庆:重庆大学出版社,2022.12
ISBN 978-7-5689-3246-2

Ⅰ.①极… Ⅱ.①李… ②欧… ③曹… Ⅲ.①公差—配合—中等专业学校—教材 ②技术测量—中等专业学校—教材 Ⅳ.①TG801

中国版本图书馆 CIP 数据核字(2022)第 067428 号

极限配合与技术测量

主 编 李德刚 欧鸿斌 曹燕丽
策划编辑:章 可

责任编辑:鲁 静 版式设计:章 可
责任校对:刘志刚 责任印制:赵 晟

＊

重庆大学出版社出版发行
出版人:饶帮华
社址:重庆市沙坪坝区大学城西路 21 号
邮编:401331
电话:(023)88617190 88617185(中小学)
传真:(023)88617186 88617166
网址:http://www.cqup.com.cn
邮箱:fxk@ cqup.com.cn(营销中心)
全国新华书店经销
POD:重庆新生代彩印技术有限公司

＊

开本:787mm×1092mm 1/16 印张:11 字数:256 千
2022 年 12 月第 1 版 2022 年 12 月第 1 次印刷
ISBN 978-7-5689-3246-2 定价:30.00 元

Preface 前言

　　"极限配合与技术测量"是中等职业学校机械类相关专业的必修课,其充分体现了技术性和实践性的高度统一,分为"极限配合"和"技术测量"两大部分,"极限配合"属于标准化范畴,"技术测量"属于计量范畴。本书的编写充分考虑当前中等职业教育的现状和行业标准,突出针对性和实用性。

　　本书采用"项目导向、任务实施"的编写体例;突出"做中学、学中做"的职业教育理念,特别适合职业学校的"理实一体化"教学。

　　本教材由李德刚、欧鸿斌、曹燕丽担任主编,谭世波、王杰、李维国、严世祥、刘小容担任副主编,朱云富、杨森宇、王莉、谭俊、彭锦、吕中凯、古雄参编。其中,第一章由朱云富、李维国、杨森宇编写,第二章由谭世波、严世祥、王莉编写,第三章和第四章由李德刚、王杰、刘小容、谭俊、彭锦编写,第五章和第六章由欧鸿斌、曹燕丽、吕中凯、古雄编写。

　　本书的编写得到了重庆大学出版社和重庆市教育科学研究院的大力支持,在此一并表示衷心感谢。

　　由于编者水平有限,书中难免存在不足之处,恳请广大读者批评指正。

编　者

2022 年 7 月

Contents 目录

第一章 绪 论

第一节 互换性概述

一、互换性的概念

互换性是指统一规格的一批零件(或部件),不经任何选择、修配或调整,任取其一,都能装在机器上达到规定的功能要求。

在现代工业生产中常采用专业化的协作生产,即用分散制造、集中装配的办法来提高生产率,保证产品质量和降低成本。要实行专业化的协作生产,就必须保证产品具有互换性,就必须采用互换性生产原则。

在日常生活和工业生产中,互换性应用的例子不胜枚举。人们常用的自行车,它的零件都是按照互换性生产的。如果自行车的某个零件坏了,可以在五金商店买到相同规格的零件更换,恢复自行车的功能。这些自行车零件,在同一规格内都可以互相替换使用,它们都是具有互换性的。

机械和仪器制造业中的互换性,通常包括几何参数的互换性和性能参数的互换性。几何参数一般包括尺寸的大小、几何形状(宏观、微观)和相互位置关系等。性能参数一般包括机械性能(如硬度、强度、刚度等)和理化性能(如化学成分、导电性等)。具有互换性的物体如图 1-1、图 1-2 所示。

图 1-1　螺母具有互换性

图 1-2　螺栓具有互换性

【知识链接】

汽车是人类创造的精美机器,它改变了人类世界。2020 年,我国汽车市场共销售 2 531 万辆车,在全球汽车销量中的占比提高至 32.5%,连续十二年蝉联全球第一。近年来,我国品牌汽车在国内的市场份额稳定在 40% 左右。面对日益严峻的竞争形势,我国品牌汽车企业积极加强品牌培育,发布高端品牌战略,打造特色的品牌系列,探索品牌提升路径,持续推动品牌提升和产品高质量发展。如图 1-3 所示为近十年国内汽车销量及其增长率。

汽车工业设计的新技术范围之广、数量之多,是其他产业难以相比的,汽车是一种零件以万计、产量以万计、保有量以亿计的高科技产品。

图 1-3 近十年我国汽车销量及其增长率

二、互换性的分类

互换性按照使用场合分为内互换和外互换,按照互换程度分为完全互换性、不完全互换性和不具有互换性,按照互换目的分为装配互换和功能互换,如图 1-4 所示。

1. 按照使用场合分类

内互换:标准部件内部各零件间的互换性。

外互换:标准部件与其相配部件间的互换性。

2. 按照互换程度分类

完全互换性:亦称绝对互换,指零件在装配时既不需要辅助加工和修配,也不需要选择,即可装配成具有规定功能的机器。采用完全互换,使大批、大量生产中的装配工作简单化,省工省时,成本降低,质量稳定,使用、维修中更换零件方便。

不完全互换性:指零件在装配时需要选配(但不能进一步加工),才能装配成具有规定功能的机器。采用不完全互换是为了降低零件制造成本。在机械装配时,当机器装配精度要求很高时,如采用完全互换会使零件公差太小,造成加工困难,成本很高。

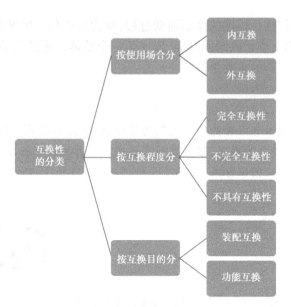

图1-4　互换性的分类

不具有互换性:指零件在装配时需要加工,才能装配成具有规定功能的机器。

3.按照互换目的分类

装配互换:规定几何参数公差达到装配要求的互换称为装配互换。

功能互换:既规定几何参数公差达到装配要求,又规定性能参数公差达到使用要求的互换称为功能互换。

上述的外互换和内互换、完全互换性和不完全互换性皆属装配互换。装配互换的目的在于保证产品精度,功能互换的目的在于保证产品质量。

第二节　互换性的实现

现代化的生产是按专业化、协作化组织生产的,必须面临保证互换性的问题。其实在生产时,只需将产品按相互的公差配合原则组织生产,遵循国家公差标准,将零件加工后的各几何参数(尺寸、形状、位置)误差控制在一定的范围内,就可以保证零件的使用功能,实现互换性。

一、标准和标准化

为实现互换性,就必须建立一个共同的技术标准,以满足各生产环节之间相互衔接的要求。国际标准化组织(ISO)所制定的标准,是代表先进技术水平的国际协议。许多国家参照国际标准制定本国的国家标准或完全采用国际标准。我国的技术标准分为国家标准、行业标准、地方标准和企业标准四级。

制定、发布和贯彻执行标准的全部活动过程,称为标准化。标准化使分散的、局部的各部门与企业在技术上有了共同的标准,形成了一个整体。标准化是实现互换性的技术基础,是组织现代化生产的重要手段。

【知识链接】

标准是以科学、技术和经验的综合成果为基础,以促进实现最佳社会效益为目的制定的。我国的国家标准可分为两类:强制性国家标准和推荐性国家标准。

代号"GB"为强制性国家标准,如图 1-5 所示;代号"GB/T"为推荐性国家标准,如图 1-6 所示。

UDC 621.317.7:614.8
N 13

中华人民共和国国家标准

GB 14249.1—93

图 1-5 "GB"强制性国家标准

ICS 17.040.30
CCS J 42

中华人民共和国国家标准

GB/T 22522—2021
代替 GB/T 22522—2008

图 1-6 "GB/T"推荐性国家标准

二、技术测量

先进的公差标准是实现互换性的基础,但是仅有公差标准而无相应的检测措施,还不足以保证实现互换性,必需的检测是保证互换性生产的手段。检测几何参数的误差并将其控制在规定的公差范围内,零件就合格,就能满足互换性的要求;反之,零件就不合格,也就不能达到互换性的目的。

测量的目的,除判定零件是否合格外,还要根据测量结果分析产品不合格的原因,及时采取必要的工艺措施,提高加工精度,减少不合格产品,提高合格率,从而降低生产成本和提高生产效率。随着生产和科学技术的发展,对几何参数的检测精度和检测效率的要求越来越高了。

要保证几何参数测量的正确性,首先要保证计量单位统一。1984年国务院发布了《国务院关于在我国统一实行法定计量单位的命令》,规定了在全国范围内统一实行以国际单位制为基础的法定计量单位。其次,必须建立长度基准,实现基准的再现和量值的传递,研究测试理论,制定计量规程,设计、制造各种先进的计量器具,规范相应的检测方法和测量措施,从而保证检测精度,将零件的几何误差控制在公差范围之内。

根据测量对象的不同,测量技术可以分为直接测量技术和间接测量技术。

直接测量技术是指在测量中,无须通过与被测量成函数关系的其他量的测量而直接取得被测量值。比如用电压表直接测量电压,这样测量的不确定性主要取决于测量器具本身的不确定度。

间接测量技术是指在测量中,通过对与被测量成函数关系的其他量的测量而取得被测量值。比如需要测量电阻 R 时,可以测量电阻 R 两端的电压 U 和流经电阻 R 的电流 I,然后利用 $R = \dfrac{U}{I}$ 的关系求得电阻值。

对于某一个测量对象,可以用多种技术进行测量,同时某一种测量技术也可用于多个不同的测量对象,在实际应用中往往要根据测量对象的性质和特点选择不同的测量技术。

第三节 本课程目标和特点

学习本课程应掌握以下基本内容:

①了解互换性、标准和标准化、技术测量的概念和作用。

②熟悉极限与配合、几何公差、表面粗糙度等基本概念,了解各基本术语,能看懂图样上的标注。

③了解主要连接件和传动件的公差与配合。

④了解技术测量的基本知识,学会常用测量器具的使用方法。

本课程由极限配合与技术测量两大部分组成。极限配合主要介绍国家标准的相关内容,属于标准化范畴,技术测量属于计量学范畴。本课程将二者有机结合在一起,具有较强的技术性和实践性。

本章小结

本章主要介绍了互换性的基本概念。实现互换性,标准化是技术基础,技术测量是技术保证。学习本章之后,同学们可以结合生活中的一些机械零件,了解互换性的广泛应用。

复习与思考

一、填空题

1. 互换性是指统一规格的一批零件（或部件），不经任何_____、_____或_____，任取其一，都能装在机器上达到规定的功能要求。

2. 根据互换程度的不同，互换性可分为_____、_____和_____。

二、简答题

1. 什么是完全互换性？什么是不完全互换性？
2. 我国的技术标准有哪几级？

三、讨论题

具有互换性的零件的几何参数是否必须加工成完全一样？

第二章　孔、轴结合的极限与配合

　　互换性给产品设计、制造、使用和维修带来很大的方便,互换性生产原则已成为现代机械制造业中一个普遍遵守的原则。然而,将同一规格的零件的几何参数加工得完全一致是不可能的,因为加工误差总是存在的,无法完全满足互换性的要求。对于相互结合的零件,误差范围既要保证相互结合的尺寸之间形成一定的关系以满足不同的使用要求,同时在制造上是经济合理的,这就产生了"极限与配合"的概念。

　　孔、轴结合是在机械制造中最广泛的一种结合,这种结合的极限与配合是机械工程中重要的基础标准。尺寸的"公差"主要反映机器零件使用要求与制造要求的矛盾;而"配合"则反映组成机器的零件之间的关系。

第一节　基本术语和定义

　　为了正确掌握极限与配合标准及其应用,首先必须熟悉极限与配合的基本术语和定义。

一、孔和轴

1.孔

孔主要指的是圆柱形的内表面,也包括非圆柱形的内表面(由两平行平面或切面形成的包容面)。

2.轴

轴是穿在轴承中间或车轮中间或齿轮中间的圆柱形物件,但也有少部分是方形的。轴是支承转动零件并与之一起回转以传递运动、扭矩或弯矩的机械零件。轴一般为金属圆杆状,各段可以有不同的直径。机器中做回转运动的零件就装在轴上。

　　由孔、轴的定义可知,这里的孔、轴具有广泛的含义。孔和轴不仅是通常理解的圆柱形的内表面和外表面,如图 2-1(a)所示,而且表示其他几何形状的内、外表面中由单一尺寸确定的部分,如图 2-1(b)所示。

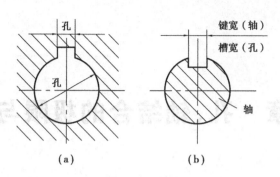

图 2-1　孔与轴

孔与轴的区别:从装配关系看,孔是包容面,轴是被包容面;从加工过程看,孔的尺寸由小变大,轴的尺寸由大变小。

二、尺寸的术语及其定义

常见尺寸相关术语如图 2-2 所示。

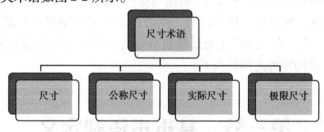

图 2-2　尺寸相关术语

1. 尺寸

尺寸是特定单位表示的两点之间距离的数值,包括直径、半径、宽度、深度、高度和中心距等。尺寸由数值和特定单位两部分组成,如孔的直径是 50 mm。在机械图样中,一般以毫米(mm)为单位时,图样上只标注数值而不标注单位。

2. 公称尺寸

零件的公称尺寸是标准中规定的名义尺寸,是用户和生产企业希望得到的理想尺寸。在这种名义尺寸下,只有根据不同种类的配合,给定了不同公差的尺寸,才是机械加工中实际掌握的尺寸。例如,图纸上注有一轴的尺寸为 $\phi 40^{+0.025}_{-0.041}$,其中 $\phi 40$ mm 就是公称尺寸,如图 2-3(a)所示。

孔的公称尺寸用 D 表示;轴的公称尺寸用 d 表示。

3. 实际尺寸

实际尺寸是指通过测量获得的某孔、轴的尺寸。由于测量时还存在测量误差,所以实际尺寸并非尺寸的真实值。由于加工误差的存在,按同一图样要求加工的各个零件,其实际尺寸往往各不相同,即使是同一工件,不同位置、不同方向的实际尺寸也往往不同,故实际尺寸是实际零件上某一位置的测量值,如图 2-3(b)所示。

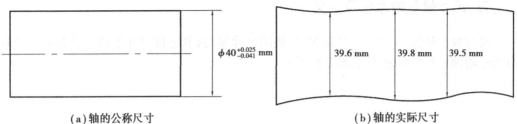

（a）轴的公称尺寸　　　　　　　　　　（b）轴的实际尺寸

图2-3　轴的公称尺寸和实际尺寸

4. 极限尺寸

极限尺寸是指允许零件尺寸变化的两个界限值。较大的一个称为上极限尺寸，较小的一个称为下极限尺寸。极限尺寸是在设计确定公称尺寸的同时，考虑加工的经济性并满足某种使用上的要求而确定的。

如图2-4所示，某一零件的公称尺寸（D）和允许的上极限尺寸（D_{max}，d_{max}）、下极限尺寸（D_{min}，d_{min}）分别为：

孔的公称尺寸（D）$= \phi30$ mm，

孔的上极限尺寸（D_{max}）$= \phi30.021$ mm，

孔的下极限尺寸（D_{min}）$= \phi30$ mm，

轴的公称尺寸（d）$= \phi30$ mm，

轴的上极限尺寸（d_{max}）$= \phi29.993$ mm，

轴的下极限尺寸（d_{min}）$= \phi29.980$ mm。

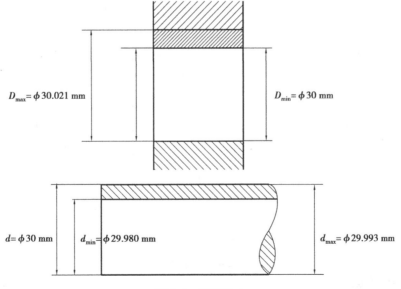

图2-4　极限尺寸

三、尺寸偏差的术语及定义

尺寸偏差是指某一尺寸(实际尺寸、极限尺寸等)减其公称尺寸所得的代数差。偏差分为极限偏差和实际偏差,如图 2-5 所示。

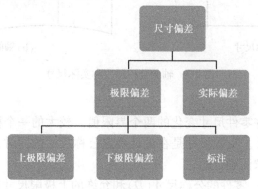

图 2-5 尺寸偏差术语

1. 极限偏差

极限偏差是指极限尺寸减其公称尺寸所得的代数差。由于极限尺寸有上极限尺寸和下极限尺寸之分,所以对应的极限偏差又分为上极限偏差和下极限偏差,如图 2-6 所示。

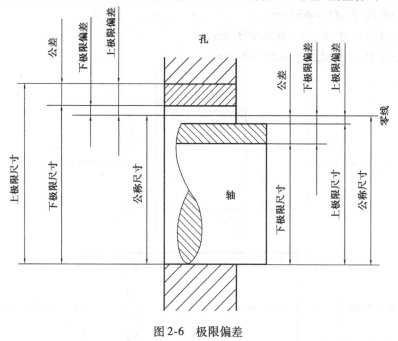

图 2-6 极限偏差

(1)上极限偏差

上极限偏差是指上极限尺寸减其公称尺寸所得的代数差。孔的上极限偏差用 ES 表示,轴的上极限偏差用 es 表示。用公式表示,即

$$ES = D_{\max} - D$$
$$es = d_{\max} - d$$

（2）下极限偏差

下极限偏差是指下极限尺寸减其公称尺寸所得的代数差。孔的下极限偏差用 EI 表示，轴的下极限偏差用 ei 表示。用公式表示，即

$$EI = D_{\min} - D$$
$$ei = d_{\min} - d$$

（3）标注

一般在图样和技术文件上只标注公称尺寸和极限偏差。标注形式为：

$$公称尺寸^{上极限偏差}_{下极限偏差}$$

标注极限偏差时，上、下极限偏差的小数点必须对齐；当上、下极限偏差数值为零时，用数字"0"表示，并与另一极限偏差的个位数字对齐；当上、下极限偏差数值相等而符号相反时，应简化标注，如 $\phi40 \pm 0.008$。

【例1】某直径的公称尺寸为 $\phi50$ mm，上极限尺寸为 $\phi50.048$ mm，下极限尺寸为 $\phi50.009$ mm，求孔的上、下极限偏差。

解：孔的上极限偏差：$ES = D_{\max} - D = 50.048 - 50 = +0.048$

孔的下极限偏差：$EI = D_{\min} - D = 50.009 - 50 = +0.009$

2. 实际偏差

实际偏差即实际尺寸减其公称尺寸所得的代数值。

由于极限尺寸和实际尺寸可能大于、等于或小于公称尺寸，所以极限偏差和实际偏差可以为正值、零或负值。显然，合格零件的实际偏差应在规定的极限偏差的范围内。

四、公差的术语及定义

1. 公差

公差是指允许尺寸的变动量，即上极限尺寸（上极限偏差）减去下极限尺寸（下极限偏差）的代数差的绝对值。公差是绝对值，因此没有正、负，也没有零公差。

孔公差（T_D）：

$$T_D = |D_{\max} - D_{\min}|，或 T_D = |ES - EI|$$

轴公差（T_d）：

$$T_d = |d_{\max} - d_{\min}|，或 T_d = |es - ei|$$

【例2】求孔 $\phi50 \pm 0.008$ 的公差。

解：孔公差

$$T_D = ES - EI = 0.008 - (-0.008) = 0.016$$

或

$$T_D = D_{\max} - D_{\min} = 50.008 - 49.992 = 0.016$$

【例3】求轴 $\phi5^{0}_{-0.021}$ 的公差。

解:轴公差

$$T_d = es - ei = 0 - (-0.021) = 0.021$$

或

$$T_d = d_{max} - d_{min} = 50.000 - 49.979 = 0.021$$

2. 尺寸公差带图解(简称公差带图)

如图 2-7 表示孔轴尺寸、偏差、极限尺寸、公差、配合之间的关系。鉴于公差数值往往较小,不便用同一比例表示,故常采用尺寸公差带图解表示。尺寸公差带图解由零线和公差带两部分组成。

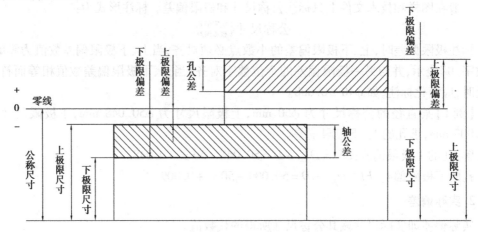

图 2-7 尺寸公差带图解

(1)零线

在公差带图中,表示公称尺寸的一条直线称为零线。通常零线沿水平方向绘制,在其左端画出表示偏差的符号" + ""0"" – "号,零线上方表示偏差为正,零线下方表示偏差为负。在其左下方画上带单向箭头的尺寸线,并标上公称尺寸值。

(2)公差带

在公差带图中,由代表上极限偏差和下极限偏差的两条直线所限定的区域,称为公差带。公差带沿零线方向的长度可以适当选取。为了区别,一般在同一图中,孔和轴的公差带的剖面线相反或疏密程度不同。

(3)公差带图

用图表示的公差带,称为公差带图。公差带图由"公差带的大小"和"公差带的位置"两个要素决定。公差带的大小指公差带在零线垂直方向上的宽度,即公差值的大小;公差带的位置指公差带相对于零线的位置,如图 2-8 所示。

五、配合的术语及定义

1. 配合

配合是指公称尺寸相同,相互结合的孔和轴公差带之间的位置关系。在组装零件时,常使用配合这一概念来反映零件组装后的松紧程度。

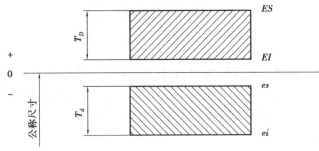

图 2-8 公差带图要素

当孔的尺寸减去相配合的轴的尺寸为正时,称为间隙,一般用 X 表示,其数值前应标"$+$"号,如 $X = +0.025$ mm。间隙的存在是孔与轴配合后能产生相对运动的基本条件。

当孔的尺寸减去相配合的轴的尺寸为负时,称为过盈,一般用 Y 表示,其数值前应标"$-$"号,如 $Y = -0.025$ mm。过盈的存在是使配合零件位置固定或传递载荷的基本条件。

2. 配合种类

当一批零件装配时,根据孔、轴的公差带关系,可分为间隙配合、过盈配合、过渡配合三种。

(1)间隙配合

间隙配合是指具有间隙(包括最小间隙等于零)的配合。当零件处于间隙配合时,孔的公差带在轴的公差带之上,如图 2-9 所示,且孔的实际尺寸总是大于或等于轴的实际尺寸。

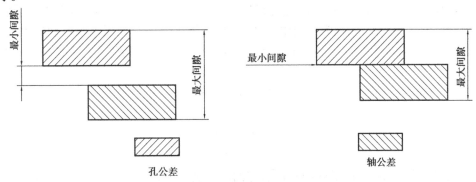

图 2-9 间隙配合

由于孔、轴的实际尺寸允许在其公差带内变动,因而其配合的间隙也是变动的。当孔为上极限尺寸,而与其相配合的轴为下极限尺寸时,配合处于最松状态,此时的间隙称为最大间隙,用 X_{max} 表示。当孔为下极限尺寸,而与其相配合的轴为上极限尺寸时,配合处于最紧状态,此时的间隙称为最小间隙,用 X_{min} 表示。它们的平均值称为平均间隙,用 X_{av} 表示,即

$$X_{max} = D_{max} - d_{min} = ES - ei$$
$$X_{min} = D_{min} - d_{max} = EI - es$$
$$X_{av} = \frac{X_{max} + X_{min}}{2}$$

最大间隙与最小间隙统称极限间隙,它们表示间隙配合中允许间隙变动的两个界限值。孔、轴装配后的实际间隙在最大间隙和最小间隙之间。间隙配合中,当孔的下极限尺寸等于轴的上极限尺寸时,最小间隙等于零,称为零间隙。

（2）过盈配合

过盈配合是指具有过盈（包括最小过盈等于零）的配合。当零件处于过盈配合时,孔的公差带在轴的公差带之下,如图 2-10 所示,且孔的实际尺寸总是小于或等于轴的实际尺寸。

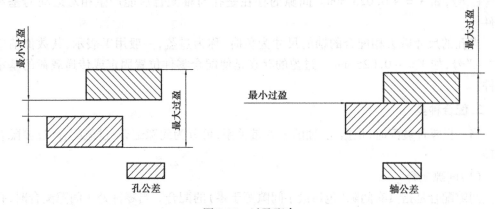

图 2-10　过盈配合

由于孔、轴的实际尺寸允许在其公差带内变动,因而其配合的过盈也是变动的。当孔为下极限尺寸,而与其相配合的轴为上极限尺寸时,配合处于最紧状态,此时的过盈称为最大过盈,用 Y_{max} 表示。当孔为上极限尺寸,而与其相配合的轴为下极限尺寸时,配合处于最松状态,此时的过盈称为最小过盈,用 Y_{min} 表示。它们的平均值称为平均过盈,用 Y_{av} 表示,即

$$Y_{max} = D_{min} - d_{max} = EI - es$$
$$Y_{min} = D_{max} - d_{min} = ES - ei$$
$$Y_{av} = \frac{Y_{max} + Y_{min}}{2}$$

最大过盈和最小过盈统称极限过盈,它们表示过盈配合中允许过盈变动的两个界限值。孔、轴装配后的实际过盈在最小过盈和最大过盈之间。过盈配合中,当孔的上极限尺寸等于轴的下极限尺寸时,最小过盈等于零,称为零过盈。

（3）过渡配合

过渡配合是指可能具有间隙或过盈的配合。当零件处于过渡配合时,孔的公差带与轴的公差带相互交叠,如图 2-11 所示,且孔的实际尺寸可能大于或小于轴的实际尺寸。孔、轴配合时可能存在间隙,也可能存在过盈。

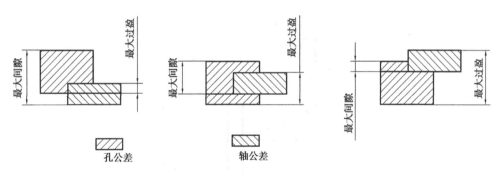

孔公差   轴公差

图 2-11 过渡配合

孔、轴的实际尺寸允许在其公差带内变动的,当孔的实际尺寸大于轴的实际尺寸时,具有间隙。当孔为上极限尺寸,而轴为下极限尺寸时,配合处于最松状态,此时的间隙为最大间隙。当孔的实际尺寸小于轴的实际尺寸时,具有过盈。当孔为下极限尺寸,而轴为上极限尺寸时,配合处于最紧状态,此时的过盈为最大过盈。它们的平均值为正时,称为平均间隙;为负时,称为平均过盈。即

$$X_{\max} = D_{\max} - d_{\min} = ES - ei$$
$$Y_{\max} = D_{\min} - d_{\max} = EI - es$$
$$X_{av}(Y_{av}) = \frac{X_{\max} + Y_{\max}}{2}$$

在过渡配合中,如果计算结果是平均间隙,说明在这批零件中主要存在间隙;如果计算结果是平均过盈,说明在这批零件中主要存在过盈。过渡配合中也可能出现孔的尺寸减轴的尺寸为零的情况,这个零值可称为零间隙,也可称为零过盈,但它不能代表过渡配合的性质特征。代表过渡配合松紧程度的特征值是最大间隙和最大过盈。

3. 配合公差与配合公差带图解

配合公差是组成配合的孔、轴公差之和,它是允许间隙或过盈的变动量。

对于间隙配合,其配合公差 T_f 为

$$T_f = |X_{\max} - X_{\min}|$$

对于过盈配合,其配合公差 T_f 为

$$T_f = |Y_{\max} - Y_{\min}|$$

对于过渡配合,其配合公差 T_f 为

$$T_f = |X_{\max} - Y_{\max}|$$

配合公差决定孔与轴的配合精度。上式表明,配合精度决定于相互配合的孔和轴的尺寸精度(尺寸公差)。配合公差与极限间隙和极限过盈之间的关系可用配合公差带图解表示,如图 2-12 所示。

图中的零线是确定间隙或过盈的基准线,即零线上的间隙或过盈为零。纵坐标表示间隙或过盈,零线上方表示间隙,下方表示过盈。由代表极限间隙或极限过盈的两条线段所限定的一个区域称为配合公差带,它在垂直于零线方向的宽度代表配合公差。

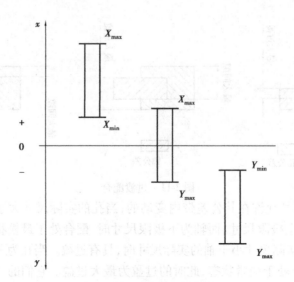

图 2-12　配合公差带图解

【例 4】配合的孔、轴零件,孔的尺寸为 $\phi80_0^{+0.030}$,轴的尺寸为 $\phi80_{-0.049}^{-0.030}$,最大间隙和最小间隙各是多少?画出尺寸公差带图并求出配合公差。

解:尺寸公差带图如图 2-13 所示。

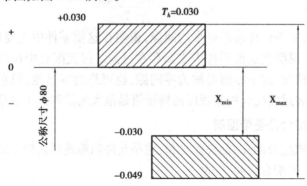

图 2-13　尺寸公差带图

用极限尺寸计算,则有

$D_{max} = 80 + 0.030 = 80.030$

$D_{min} = 80 + 0 = 80$

$d_{max} = 80 + (-0.030) = 79.970$

$d_{min} = 80 + (-0.049) = 79.951$

$X_{max} = D_{max} - d_{min} = 80.030 - 79.951 = +0.0790$

$X_{min} = D_{min} - d_{max} = 80 - 79.970 = +0.030$

用偏差计算,则有

$X_{max} = ES - ei = 0.030 - (-0.049) = +0.079$

$X_{min} = EI - es = 0 - (-0.030) = +0.030$

$T_f = |X_{max} - X_{min}| = |0.079 - 0.030| = 0.049$

用极限尺寸计算和用偏差计算的结果是相同的,在使用时可以任选一种。相对而言,用偏差计算较简单,但必须注意偏差数值是连同正、负号一起使用的。

第二节　极限与配合的国家标准

各种配合都是由孔、轴公差带组合形成的,而公差带是由"公差带的大小"和"公差带的位置"两个要素决定的。标准公差决定公差带的大小,基本偏差决定公差带的位置。为了使公差与配合标准化,国家标准规定了标准公差和基本偏差两个系列。

一、标准公差系列

标准公差是国家标准中规定的任一公差。标准公差代号用 IT(国际公差)表示。标准公差系列包含三项内容:标准公差等级、公差单位和公称尺寸段,部分标准公差数值见表 2-1。

1.标准公差等级

标准公差等级是指确定尺寸精度的等级。各种机器零件和零件上不同部位的作用不同,要求尺寸的精确程度就不同。为了满足生产的需要,国家标准设置了 20 个公差等级,即 IT01、IT0、IT1……IT18。IT 表示标准公差,阿拉伯数字表示公差等级,IT01 精度最高,IT18 精度最低。其关系如图 2-14 所示。

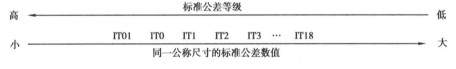

图 2-14　标准公差等级

公称尺寸相同时,标准公差数值随标准公差等级的降低而依次增大,即标准公差等级越高,标准公差数值越小,精度越高,反之亦然。需要注意的是,属于同一标准公差等级的所有公称尺寸,被认为具有相同的精确程度。例如,公称尺寸在 30~50 mm 尺寸段的标准公差数值是 0.025 mm,而在 120~180 mm 尺寸段的标准公差数值是 0.040 mm,虽然标准公差数值不同,但它们的标准公差等级都是 IT7 级,我们仍然认为它们在使用和制造上具有相等的精确程度。也就是说,不能仅从零件的标准公差数值的大小判断零件的精度高低。

2.公称尺寸段

在实际生产中使用的公称尺寸很多,如果每一个公称尺寸都对应一个标准公差数值,就会形成一个庞大的标准公差数值表,不利于实现标准化,给实际生产带来困难。因此,国家标准对公称尺寸进行了分段。尺寸分段后,同一尺寸段内所有的公称尺寸,在相同标准公差等级的情况下,规定具有相同的标准公差数值。如公称尺寸 40 mm 和 50 mm 都在30~50 mm 尺寸段,两尺寸的 IT7 级标准公差数值均为 0.025 mm。

表2-1 标准公差数值(摘自 GB/T 1800.1—2020)

公称尺寸/mm 大于	至	标准公差等级 标准公差数值																		
		IT01	IT0	IT1	IT2	IT3	IT4	IT5	IT6	IT7	IT8	IT9	IT10	IT11	IT12	IT13	IT14	IT15	IT16	IT17	IT18
		μm													mm						
—	3	0.3	0.5	0.8	1.2	2	3	4	6	10	14	25	40	60	0.1	0.14	0.25	0.4	0.6	1	1.4
3	6	0.4	0.6	1	1.5	2.5	4	5	8	12	18	30	48	75	0.12	0.18	0.3	0.48	0.75	1.2	1.8
6	10	0.4	0.6	1	1.5	2.5	4	6	9	15	22	36	58	90	0.15	0.22	0.36	0.58	0.9	1.5	2.2
10	18	0.5	0.8	1.2	2	3	5	8	11	18	27	43	70	110	0.18	0.27	0.43	0.7	1.1	1.8	2.7
18	30	0.6	1	1.5	2.5	4	6	9	13	21	33	52	84	130	0.21	0.33	0.52	0.84	1.3	2.1	3.3
30	50	0.6	1	1.5	2.5	4	7	11	16	25	39	62	100	160	0.25	0.39	0.62	1	1.6	2.5	3.9
50	80	0.8	1.2	2	3	5	8	13	19	30	46	74	120	190	0.3	0.46	0.74	1.2	1.9	3	4.6
80	120	1	1.5	2.5	4	6	10	15	22	35	54	87	140	220	0.35	0.54	0.87	1.4	2.2	3.5	5.4
120	180	1.2	2	3.5	5	8	12	18	25	40	63	100	160	250	0.4	0.63	1	1.6	2.5	4	6.3
180	250	2	3	4.5	7	10	14	20	29	46	72	115	185	290	0.46	0.72	1.15	1.85	2.9	4.6	7.2
250	315	2.5	4	6	8	12	16	23	32	52	81	130	210	320	0.52	0.81	1.3	2.1	3.2	5.2	8.1
315	400	3	5	7	9	13	18	25	36	57	89	140	230	360	0.57	0.89	1.4	2.3	3.6	5.7	8.9
400	500	4	6	8	10	15	20	27	40	63	97	155	250	400	0.63	0.97	1.55	2.5	4	6.3	9.7
500	630			9	11	16	22	32	44	70	110	175	280	440	0.7	1.1	1.75	2.8	4.4	7	11
630	800			10	13	18	25	36	50	80	125	200	320	500	0.8	1.25	2	3.2	5	8	12.5
800	1 000			11	15	21	28	40	56	90	140	230	360	560	0.9	1.4	2.3	3.6	5.6	9	14
1 000	1 250			13	18	24	33	47	66	105	165	260	420	660	1.05	1.65	2.6	4.2	6.6	10.5	16.5
1 250	1 600			15	21	29	39	55	78	125	195	310	500	780	1.25	1.95	3.1	5	7.8	12.5	19.5
1 600	2 000			18	25	35	46	65	92	150	230	370	600	920	1.5	2.3	3.7	6	9.2	15	23
2 000	2 500			22	30	41	55	78	110	175	280	440	700	1 100	1.75	2.8	4.4	7	11	17.5	28
2 500	3 150			26	36	50	68	96	135	210	330	540	860	1 350	2.1	3.3	5.4	8.6	13.5	21	33

二、基本偏差系列

1.基本偏差

国家标准规定,用以确定公差带相对公称尺寸位置的那个极限偏差,称为基本偏差。如图 2-15 所示,当公差带在零线上方时,其基本偏差为下极限偏差;当公差带在零线下方时,其基本偏差为上极限偏差。当公差带的某一偏差为零时,此偏差自然就是基本偏差。有的公差带相对于零线是完全对称的,则基本偏差可为上极限偏差,也可为下极限偏差。例如,$\phi 50 \pm 0.012$ 的基本偏差可为上极限偏差 $+0.012$ mm,也可为下极限偏差 -0.012 mm。

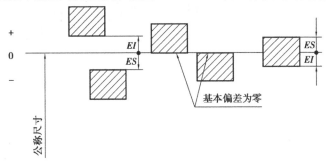

图 2-15　基本偏差

2.基本偏差代号

基本偏差代号采用了 26 个拉丁字母,除掉容易混淆的 I、L、O、Q、W(i、l、o、q、w)5 个字母,加上 7 个双写字母 CD、EF、FG、JS、ZA、ZB、ZC (cd、ef、fg、js、za、zb、zc)共有 28 种。其中大写字母代表孔的基本偏差代号,小写字母代表轴的基本偏差代号,如表2-2 所示。

表 2-2　孔、轴的基本偏差代号

轴	A	B	C	D	E	F	G	H	J	K	M	N	P	R	S	T	U	V	X	Y	Z			
			CD		EF	FG		JS														ZA	ZB	ZC
孔	a	b	c	d	e	f	g	h	j	k	m	n	p	r	s	t	u	v	x	y	z			
			cd		ef	fg		js														za	zb	zc

这 28 个基本偏差代号反映了 28 种孔、轴基本偏差相对零线的位置,构成了基本偏差系列。

3.基本偏差系列图及其特征

如图 2-16 所示为基本偏差系列图,它表示公称尺寸相同的 28 种孔、轴的基本偏差相对于零线的位置关系。此图只表示公差带位置,不表示公差带大小。所以,图中公差带只画了靠近零线的一端,另一端是开口的,开口端的极限偏差由标准公差确定。从基本偏差系列图中可以看出:

①孔和轴同字母的基本偏差相对于零线基本呈对称分布。

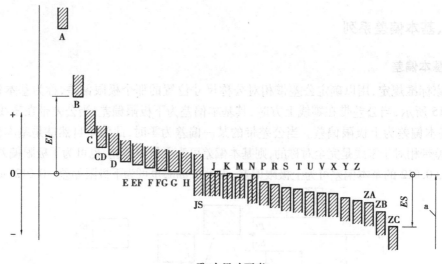

（a）孔(内尺寸要素)

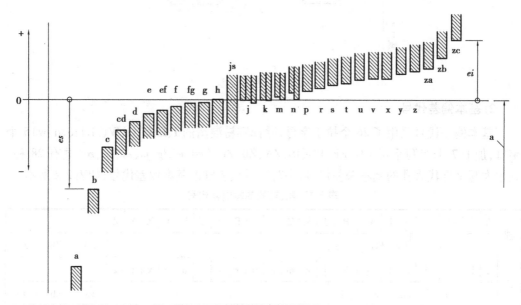

（b）轴(外尺寸要素)

图 2-16　孔和轴基本偏差系列

②对于轴，a—h 为上极限偏差 es，并且为负值，其绝对值依次减小；j—zc 为下极限偏差 ei(除 j 和 k 外)，都为正值，其绝对值依次增大。对于孔，A—H 为下极限偏差 EI，J—ZC 为上极限偏差 ES，其正负号情况与轴的基本偏差情况相反。

③H(h)的基本偏差为零，即 H 的下极限偏差 $EI=0$；h 的上极限偏差 $es=0$。

④JS(js)的公差带完全对称于零线，其上、下极限偏差均可为基本偏差，其数值为公差带宽度的一半，即上极限偏差为 $\left(+\dfrac{\mathrm{IT}}{2}\right)$，下极限偏差为 $\left(-\dfrac{\mathrm{IT}}{2}\right)$。

⑤k、K 和 N 随公差等级的不同，其基本偏差数值有两种不同的情况：K、k 可为正值成

零值,N 可为负值或零值。M 的基本偏差数值随公差等级不同而有 3 种不同的情况:正值、负值或零。

4.基本偏差数值表

国标对孔和轴的基本偏差数值进行了标准化,见附录 A 和附录 B。

5.公差带代号

公差带代号用基本偏差代号和标准公差等级代号组成,如孔的公差带代号 H6、P7、K7,轴的公差带代号 h6、js7、g7。与公称尺寸组合后,其标注含义如图 2-17 所示。

公称尺寸 ——

基本偏差代号 ——

标准公差等级代号 ——

图 2-17 公差带代号

6.公差带系列

根据国家标准规定的 20 个标准公差等级和 28 个基本偏差代号,可组成种类繁多的公差带(孔 543 种,轴 544 种)。为了便于生产,减少刀具、量具和工艺装备的数量、规格,国家标准简化了公差带种类,选出生产中常用的公差带,规定为一般用途公差带;从一般用途公差带中选出少量公差带,规定为常用公差带;再从常用公差带中,优选出生产中最广泛应用的公差带,规定为优先选用公差带。轴公差带中,一般用途的有 116 种,常用的有 59 种,优先选用的有 13 种;孔公差带中,一般用途的有 105 种,常用的有 44 种,优先选用的有 13 种,如图 2-18、图 2-19 所示。

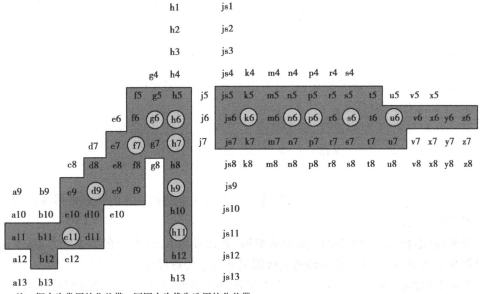

注:框内为常用的公差带,圆圈内为优先选用的公差带。

图 2-18 公称尺寸≤500 mm 的一般、常用和优先选用轴公差带

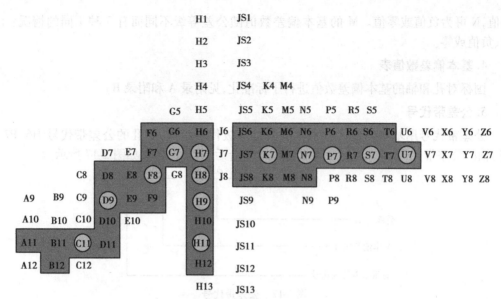

注：框内为常用的公差带，圆圈内为优先选用的公差带。

图 2-19　公称尺寸≤500 mm 的一般、常用和优先选用孔公差带

在生产中选用公差带时，应首先考虑选用国家标准推荐的优先选用公差带，因为在此范围中，有大量的刀具、量具、工艺装备可供选择。

三、基准制

如前所述，改变孔和轴的相对位置，可以实现不同性质的配合，满足各类机器零件的使用要求。以配合零件中的一个零件为基准，并确定公差带，改变另一个零件的公差带位置，从而形成的各种配合的制度，称为基准制。国家标准规定了两种基准制，即基孔制和基轴制。

1. 基孔制

基孔制指孔的基本偏差确定，孔公差带与不同基本偏差的轴的公差带形成各种配合的一种制度，如图 2-20 所示。

基孔制配合中，孔是基准件，称为基准孔，其代号为 H，公差带在零线上方，基本偏差下极限偏差为零（$EI=0$）。基准孔的下极限尺寸等于公称尺寸。

2. 基轴制

基轴制指轴的基本偏差确定，轴公差带与不同基本偏差的孔的公差带形成各种配合的一种制度，如图 2-21 所示。

基轴制配合中，轴是基准件，称为基准轴，其代号为 h，公差带在零线下方，基本偏差上极限偏差为零（$es=0$）。基准轴的上极限尺寸等于公称尺寸。

在孔和轴的配合中，A—H 和 a—h 与基准件配合时，可以形成间隙配合；J—N 和 j—n 与基准件配合时，基本上形成过渡配合；P—ZC 和 p—zc 与基准件配合时，基本上形成过

盈配合。由于基准件的基本偏差一定,公差带的大小由标准公差等级决定。因此,当某些非基准件和公差带较大的基准件配合时,可以形成过渡配合,而与公差带较小的基准件配合,则可能形成过盈配合,如 N(n)、P(p)等。

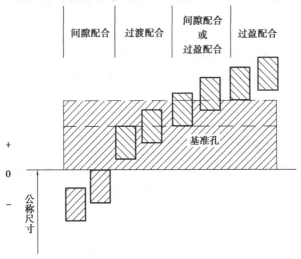

图 2-20　基孔制

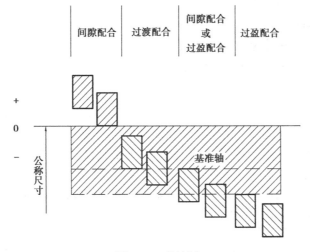

图 2-21　基轴制

第三节 极限与配合的选用

在机械制造过程中,正确选用极限与配合标准对提高产品质量、降低生产成本具有非常重要的意义。极限与配合的选用包括三个方面,即基准制、标准公差等级和配合的选用。

一、基准制的选用

1. 通常应优先选用基孔制

基准制有基孔制和基轴制两种,从满足配合性质的要求的角度讲,它们是完全等效的。但轴比孔容易加工,而且加工孔所用的刀具、量具和规格也多一些,因此采用基孔制可大大减少尺寸、刀具和量具的品种和规格,从而降低成本,提高经济效益。

2. 基轴制的应用

在有些情况下可采用基轴制,如采用冷拔圆棒料作为精度要求不高的轴。这种棒料外圆的尺寸、形状相当准确,表面光洁,因而外圆不需另外加工就能满足配合要求,这时采用基轴制在技术上、经济上都是合理的。

3. 与标准件配合

与标准件配合时,配合制的选择通常依标准件而定。例如,滚动轴承是标准件,因此其内圈(孔)与台阶轴的配合采用基孔制,而其外圈(轴)与轴承座的配合采用基轴制。

4. 采用混合配合

如当机器上出现一个非基准孔(轴)和两个以上的轴(孔),要求组成不同性质的配合时,其中肯定至少有一个为混合配合。如图 2-22 所示为轴承座孔与轴承外径和端盖的配合。轴承外径与座孔的配合按规定为基轴制过渡配合,因而轴承座孔为非基准孔中 $\phi52J7$;而轴承座孔与端盖凸缘之间应是较低精度的间隙配合,此时凸缘公差带必须置于轴承座孔公差带的下方,因而端盖凸缘为非基准轴中 $\phi52f9$,所以轴承座孔与端盖凸缘的配合为混合配合,如图 2-22 所示。

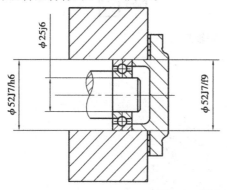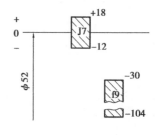

图 2-22 混合配合应用示例

二、标准公差等级的选用

标准公差等级的选用原则:在满足使用要求的前提下,尽量选取较低的公差等级,以便获取最大的经济效益。标准公差等级的选用常常采用类比法即经验法,类比法多用于一般要求的配合,重要的配合多用计算法。

选用标准公差等级时应熟悉以下内容:

①各种加工方法与标准公差等级的关系,如表2-3 所示。

表2-3 各种加工方法与标准公差等级的关系(IT01～IT16)

加工方法	标准公差等级(IT)																	
	01	0	1	2	3	4	5	6	7	8	9	10	11	12	13	14	15	16
研磨	▨	▨	▨	▨	▨	▨												
珩磨						▨	▨	▨	▨	▨								
圆磨、平磨						▨	▨	▨	▨	▨								
金钢石车、金钢石镗						▨	▨	▨	▨	▨								
拉削						▨	▨	▨	▨	▨								
铰孔							▨	▨	▨	▨	▨							
车镗								▨	▨	▨	▨							
铣								▨	▨	▨	▨							
刨插												▨	▨					
钻孔												▨	▨	▨	▨			
滚压、挤压												▨	▨					
冲压												▨	▨	▨	▨	▨		
压铸														▨	▨	▨		
粉末冶金成型								▨	▨	▨								
粉末冶金烧结							▨	▨	▨	▨								
砂型铸造、气割																		▨
锻造																	▨	▨

②标准公差等级的应用,如表2-4 所示。

表2-4 标准公差等级的应用(IT01～IT18)

应用	标准公差等级(IT)																			
	01	0	1	2	3	4	5	6	7	8	9	10	11	12	13	14	15	16	17	18
量块	▨	▨	▨																	
量规			▨	▨	▨	▨	▨	▨	▨											
配合尺寸							▨	▨	▨	▨	▨	▨	▨	▨	▨					

续表

应用	标准公差等级(IT)																		
	01	0	1	2	3	4	5	6	7	8	9	10	11	12	13	14	15	16	17	18
特别精密零件的配合				■	■	■	■													
非配合尺寸/大制造公差														■	■	■	■	■	■	■
原材料公差										■	■	■	■	■	■	■				

三、配合的选用

配合的选择常采用类比法,主要依据配合部位的功能要求及性能,从以下几个方面考虑:

①配合件之间有相对运动,常采用间隙配合。

②配合件有定心要求,常采用过渡配合。

③配合件之间无相对运动,常采用过盈配合。

根据不同的具体工作情况,可对配合的间隙量、过盈量作适当调整。

配合有间隙配合、过渡配合和过盈配合三种,选择哪一种配合,应根据孔、轴配合的使用要求而定,大体方向可参照表2-5。

表2-5 配合种类的选择方向

			永久结合	过盈配合
无相对运动	需要传递扭矩	要精确同轴	可拆结合	过渡配合或基本偏差为H(h)的间隙配合加紧固件
		不要精确同轴		间隙配合加紧固件
	不需要传递扭矩			过渡配合或轻的过盈配合
有相对运动	只有移动			基本偏差为H(h)、G(g)的间隙配合
	转动或转动和移动的复合运动			基本偏差为A—F(a—f)的间隙配合

确定配合种类后,尽可能选择优先选用配合,其次是常用配合,再次是一般配合。如果仍不能满足要求,可选择其他配合。优先选用配合的配合特性及应用举例见表2-6。

表2-6　优先选用配合的配合特性及应用举例

配合方式		装配方法	配合特性及使用条件	应用举例
基孔	基轴			
H7/r6	R7/h6	压力机或温差	轻型压入配合	重载荷齿轮与轴,车床齿轮箱中齿轮与衬套,涡轮青铜轮缘与轮心,轴和联轴器,可换铰套与铰模板等的配合
H6/p5 H7/p6	P6/h5 P7/h6		用于不拆卸的轻型过盈链接,不依靠配合过盈量传递摩擦载荷,传递扭矩时要增加紧固件,以及用于高的定位精度达到部件的刚性及对中性要求	冲击振动的重载荷齿轮和轴,压缩机十字销轴和连杆衬套,柴油机缸体上口和主轴瓦,凸轮孔和凸轮轴等的配合
H8/p7	—	压力机压入	过盈概率66.8%~93.6%	升降机用涡轮或带轮的轮缘与轮心,链轮的轮缘与轮心,高压循环泵缸和套等的配合
H6/n5	N6/h5		过盈概率80%	用于可承受很大扭矩、振动及冲击(但需附加紧固件),不经常拆卸的地方,同轴度及配合紧密性较好	可换铰套与铰模板,增压器主轴和衬套部分的配合
H7/n6	N7/h6		过盈概率77.7%~82.4%		爪形联轴器与轴,涡轮青铜轮缘与轮心,破碎机等振动机械的齿轮和轴,柴油机泵座与泵缸,压缩机连杆衬套与曲轴衬套
H8/n7	N7/h8		过盈概率58.3%~67.6%		安全联轴器销钉和套,高压泵缸体和缸套,拖拉机活塞销和活塞毂等的配合
H6/m5	M6/h5	铜锤打入	过盈概率50%~62.1%	用于配合紧密、不经常拆卸的地方。当配合长度大于1.5倍直径时,用来代替H7/n6,同轴度好	压缩机连杆头与衬套,柴油机活塞孔与活塞销的配合
H7/m6	M7/h6				涡轮青铜轮缘与铸铁心,齿轮孔与轴,减速机轴与圆链齿轮,定位销与孔的配合
H8/m7	M8/h7				升降机中的轴与孔,压缩机十字销轴与座的配合

27

续表

配合方式		装配方法	配合特性及使用条件		应用举例
基孔	基轴				
H6/k5	K6/h5	手锤打入	过盈概率 46.2% ~ 49.1%	用于受不大冲击的载荷处,同轴度好,用于常拆卸部位,被广泛运用的一种过度配合	精密螺纹车床床头箱体孔和主轴前轴承外圈的配合
H7/k6	K7/h6		过盈概率 41.7% ~ 45%		机床不滑动齿轮和轴,中型电机轴和联轴器或带轮,减速机涡轮与轴,齿轮和轴的配合
H8/k7	K8/h7		过盈概率 41.5% ~ 54.2%		压缩机连杆孔与十字销,循环泵活塞与活塞杆的配合

本章小结

　　本章主要介绍了国家标准中关于光滑圆柱体的极限与配合标准的基本规定。同学们在学习完本章内容后,应达到以下目标:第一,建立尺寸公差和公差带的概念;第二,了解孔和轴形成的各种配合性质;第三,了解图样上标注的尺寸公差带和配合公差带的意义。

　　学习本章的关键是掌握各种基本术语与定义,了解国家标准的相关规定。在学习中,同学们应结合机械制图的知识,通过图样上的尺寸标注,了解零件加工、装配、使用性能等方面的要求。例如,标注所指的尺寸是一个轴,且具有较高的精度;这根轴可以与基准孔配合,形成基孔制间隙配合,用于有相对运动要求的场合。这样大家既复习了原有的知识,也为后续知识的学习奠定了基础。

复习与思考

一、填空题

　　1.孔 $\phi 45^{+0.025}_{+0.010}$ 的公称尺寸为_____,上极限偏差为_____,下极限偏差为

_____,公差值为_____。

2. 根据孔和轴公差带相对位置的不同,配合可分为_____、_____和_____共三大类。

3. 孔的公称尺寸用符号_____表示,轴的公称尺寸用符号_____表示。

4. 装配后,孔是_____面,轴是_____面。

5. 间隙配合中,$X_{\max}$ = _____,$X_{\min}$ = _____,间隙配合公差 T_f = _____,平均间隙 X_{av} = _____。

6. 标准公差数值不仅与_____有关,也与_____有关。

二、选择题

1. 上极限偏差_____公称尺寸。(   )

A. 大于   B. 等于   C. 小于   D. 大于、等于或小于

2. 确定公差带大小的是(   )。

A. 基本偏差   B. 标准公差   C. 上极限偏差   D. 下极限偏差

3. 某对配合的孔和轴,测得孔为 $\phi 50^{+0.025}_{0}$,轴为 $\phi 50^{+0.050}_{+0.034}$,则孔轴的配合性质为(   )。

A. 间隙配合   B. 过盈配合   C. 过渡配合   D. 过盈或过渡配合

4. 公差的大小等于(   )。

A. 实际尺寸减公称尺寸   B. 上极限偏差减下极限偏差

C. 极限尺寸减公称尺寸   D. 实际偏差减极限偏差

5. 下列公差带代号错误的是(   )。

A. $\phi 50B7$ B. $\phi 50js6$ C. $\phi 50q8$ D. $\phi 50FG7$

6. $\phi 70C6$ 与 $\phi 70F7$ 相比,前者的标准公差值(   )。

A. 大   B. 小   C. 多   D. 少

7. 孔的公差带完全在轴的公差带上方的是(   )。

A. 间隙配合   B. 过盈配合   C. 过渡配合   D. 无法确定

8. 具有互换性的零件应是(   )。

A. 相同规格的零件   B. 不同规格的零件

C. 相同配合的零件   D. 不同配合的零件

9. 实际尺寸是(   )。

A. 设计时给定的   B. 通过测量获得的

C. 装配时给定的   D. 通过计算获得的

三、简答题

1. 简述孔和轴的定义及特点。

2. 在间隙配合、过盈配合和过渡配合中,孔、轴的公差带相互位置是怎样的?

3. 简述基准制的选用原则。

4. 什么是基孔制? 基孔制有什么特点?

第三章　几何公差

　　零件在加工过程中由于受各种因素的影响,其几何要素不可避免地会产生形状误差和几何误差。这不仅影响零件的互换性,也影响整个机械产品的质量。为了保证机械产品的使用性能,在零件图样上应该给出形状和位置公差(简称形位公差),以规定零件加工时产生的形状和位置误差的允许变动范围,并按零件图样给出的形位公差来检测形位误差。

　　如图 3-1 所示为一具有理想形状的孔与轴形成的间隙配合,该轴的尺寸误差合格,但加工中产生形状弯曲,造成轴与孔在配合时不能满足使用要求,甚至装配不上。

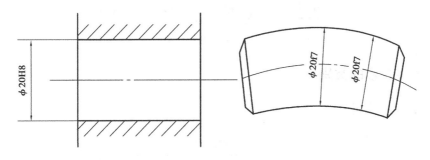

图 3-1　间隙配合示意图

【知识链接】

　　近年来,根据科学技术和经济发展的需要,按照与国际标准接轨的原则,我国对形位公差的国家标准进行了几次修订,目前推荐使用的标准有:《形状和位置公差 延伸公差带及其表示法》(GB/T 17773—1999)、《形状和位置公差 未注公差值》(GB/T 1184—1996)、《产品几何量技术规范(GPS)产品几何量技术规范和检验的标准参考温度》(GB/T 19765—2005)。

第一节 几何公差的研究对象

一、零件要素

几何要素是指构成零件几何特征的点、线和面,简称要素,零件要素包括锥顶、球心、轴线、素线、球面、圆锥面、圆柱面、端面等,如图 3-2 所示。零件要素就是几何公差的研究对象。

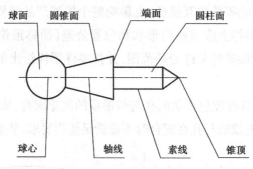

图 3-2 零件要素示例

二、零件要素的类别

零件要素类别如图 3-3 所示。

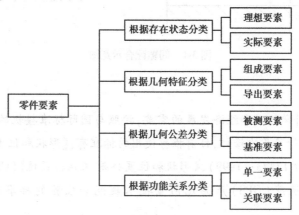

图 3-3 零件要素类别

1. 根据存在状态分类

根据存在状态,零件要素分为理想要素和实际要素。理想要素是具有几何意义的要素,是理想状态下的点、线、面。该要素严格符合几何学意义,没有任何误差。实际要素是零件上实际存在的要素,通常以测量所得的要素代替。由于存在测量误差,测得的要素并非该要素的真实状况。

2. 根据几何特征分类

根据几何特征,零件要素分为组成要素和导出要素。组成要素是指组成零件外形的轮廓线或轮廓面,能直接被人们感觉到的要素,如图3-4所示的圆柱面、端面、台阶面。组成要素在原国家标准中称为轮廓要素。

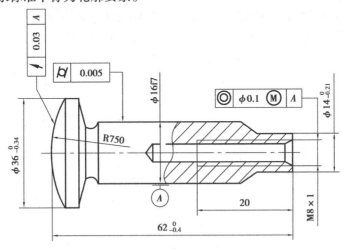

图3-4　零件组成要素示例

导出要素是指零件上由尺寸要素确定的轴线、中心平面或中心点,如图3-4所示是由尺寸$\phi36^0_{-0.34}$、$\phi14^0_{-0.21}$确定的轴线。导出要素是假想的,只有通过相应的组成要素才能体现出来。显然,没有圆柱面,也就没有圆柱面的轴线。导出要素在原国家标准中称为中心要素。

3. 根据几何公差要求分类

根据几何公差要求,零件要素分为被测要素和基准要素。被测要素是指图样中给出几何公差要求的要素,即图样上几何公差框格的指引线箭头所指的要素,如图3-4中$\phi36^0_{-0.34}$的圆柱面和台阶面,$\phi14^0_{-0.21}$的轴线。

基准要素是用来确定被测要素方向或(和)位置的要素,在图样上用基准代号表示,如图3-4中$\phi36^0_{-0.34}$的轴线。

4. 根据功能关系分类

根据功能关系,零件要素分为单一要素和关联要素。单一要素是指仅对被测要素本身给出形状公差的要素,即只研究其形状公差的要素。如图3-4所示,$\phi36^0_{-0.34}$的圆柱面只给出圆柱度要求,所以该圆柱面为单一要素。

关联要素是指与基准要素有功能关系的要素,即需要研究方向、位置或跳动误差的要素。如图3-4中台阶面与$\phi36^0_{-0.34}$的轴线有垂直度要求,$\phi14^0_{-0.21}$的轴线与$\phi36^0_{-0.34}$的轴线有同轴度要求,因此台阶面与$\phi14^0_{-0.21}$中的轴线为关联要素。

根据研究对象的不同,某一要素可以是单一要素,也可以是关联要素。

三、形位公差的概念

零件加工过程中,不仅会产生尺寸误差,也会出现形状和相对位置的误差,如加工轴时可能会出现轴线弯曲或一头粗、一头细或表面弯曲等,这种现象属于零件形状公差。如图 3-5 所示,图中右端为圆柱可能的形状(放大的)。为保证圆柱工作质量,除了标注出直径的尺寸公差($\phi 12^{-0.006}_{-0.017}$)外,还需要标注圆柱轴线的形状公差 $\boxed{-\ |\ \phi 0.006}$,这个代号表示圆柱实际轴线直线度误差必须控制在直径为 0.006 mm 的圆柱面内。形状公差可定义为零件上实际几何要素的形状与理想形状之间的误差。

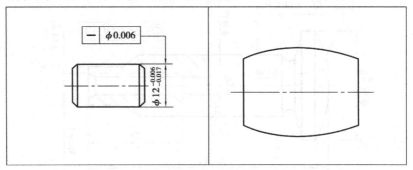

图 3-5 形状公差

如图 3-6 所示,箱体上两个圆孔是安装锥齿轮轴的圆孔,如果两圆孔轴线歪斜太多,就会影响圆锥齿轮的啮合传动。为了保证正常的啮合,应该使两圆孔轴线在空间上保持一定的垂直位置,所以要标注上位置公差——垂直度要求。图中 $\boxed{\perp\ |\ 0.05\ |\ A}$ 说明一个孔的轴线,必须位于距离为 0.05 mm 处且垂直于另一个孔的轴线。位置公差可定义为零件上各几何要素之间的实际相对位置与理想相对位置之间的误差。

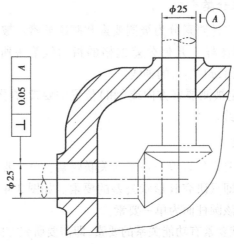

图 3-6 位置公差

由于形状公差和位置公差的误差过大,会影响机器的工作性能,因此对精度要求高的零件,除了应保证尺寸精度外,还应控制其形状公差和位置公差。形状公差和位置公差简称形位公差,是指零件的实际形状和实际位置相对于理想形状和理想位置所允许的最大变动量。

四、形位公差的代号及意义

图样中形位公差必须用代号标注,《产品几何技术规范(GPS)几何公差形状、方向、位置和跳动公差标注》(GB/T 1182—2018)规定了代号的含义,以及形状和位置公差标注的组成。

形状公差代号包含形状公差各项目的符号,如表 3-1 所示。形状公差框格分为两格,第一格为形状公差的项目符号,第二格为公差数值;指引线为带箭头的细实线;还有形状公差值和其他有关符号。

位置公差代号包含位置公差各项目的符号,如表 3-1 所示。位置公差框格分为三格,第一格为形状公差的项目符号,第二格为公差数值,第三格为基准名称;指引线为带箭头的细实线;还有位置公差值和其他有关符号,以及基准代号等。

表 3-1 几何公差特征项目符号

公差	特征项目	符号	有或无基准要求
形状	直线	——	无
	平面度	▱	无
	圆度	○	无
	圆柱度	⌭	无
	线轮廓度	⌒[a]	无
	面轮廓度	⌓[a]	无
方向	平行度	//	有
	垂直度	⊥	有
	倾斜度	∠	有
	线轮廓度	⌒[a]	有
	面轮廓度	⌓[a]	有

续表

公差	特征项目	符号	有或无基准要求
位置	位置度	⊕	有或无
	同轴(同心)度	◎	有
	对称度	═	有
	线轮廓度	⌒ᵃ	有
	面轮廓度	⌒ᵃ	有
跳动	圆跳动	↗	有
	全跳动	↗↗	有

形位公差框格中,不仅要表达形位公差的特征项目、基准代号和其他符号,还要正确给出公差带的大小、形状等内容。

第二节 几何公差及其公差带

一、几何公差及几何公差带的定义

零件表面的实际要素相对于理想形状和理想位置的变动量,就是形状、方向、位置和跳动误差。变动量越大,误差越大。允许形状、方向、位置和跳动误差的变动量,称为几何公差,包括形状公差、方向公差、位置公差、跳动公差,如表 3-1 所示。

几何公差带是由一个或两个理想的几何线要素或面素所限定的、由一个或多个线性尺寸表示公差值的区域,是用来限制被测要素变动的。被测要素具有一定的几何形状,因此几何公差带也是一个几何图形,只要被测要素完全在给定的公差带内,就表示该要素的形状、方向、位置和跳动符合要求。

二、形状公差带

形状公差指的是单一要素对理想要素允许的变动量,其公差带只有大小和形状,无方向和位置限制,主要包含直线度、平面度、圆度、圆柱度及无基准的线轮廓度和面轮廓度。

1. 直线度

直线度公差用于控制直线和轴线的形状误差,是实际直线对理想直线的允许变动量,分为给定平面内、给定方向上和任意方向上三种情况。直线度公差限制了加工面或线在某个方向上的偏差。如果直线度超差,有可能导致该工件在安装时无法准确装入规定的位置,如图3-7所示。

图3-7 直线度公差及其公差带例图

2. 平面度

平面度公差用于限制被测实际平面的形状误差,同时可以限制被测表面的直线度误差,如图3-8所示。一般来讲,有平面度要求的就不必有直线度要求,因为平面度包括面上各个方向的直线度。

平面度公差带是距离为公差值 t 的两平行平面之间的区域。

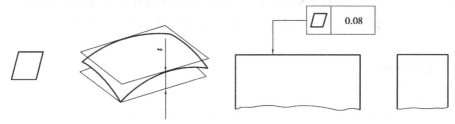

图3-8 平面度公差及其公差带例图

3. 圆度

圆度,是指工件横截面接近理论圆的程度。工件加工后的投影圆应在圆度要求的公差范围之内,其公差带是同一横截面上,半径差为公差值 t 的两同心圆之间的区域,如图3-9所示。

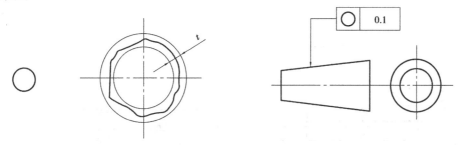

图3-9 圆度公差及其公差带例图

4. 圆柱度

圆柱度是限制实际被测圆柱面的形状变动的公差项目,可以综合控制圆柱体横截面和纵截面的形状误差,其公差带是半径差为公差值 t 的两同轴圆柱面之间的区域,如图 3-10 所示。

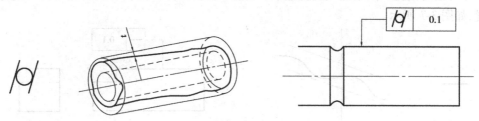

图 3-10　圆柱度公差及其公差带例图

【知识链接】

圆柱度和圆度

圆柱度和圆度的区别:圆柱度是相对于整个圆柱面而言的。圆度是相对于圆柱面截面的单个圆而言的。圆柱度包括圆度,控制好了圆柱度,就能保证圆度,但反过来不行。

圆柱度和圆度的作用:柴油机的结构中有多处规定了圆柱度和圆度,如发动机的活塞环,控制好活塞环的圆度可保证其密封性,而活塞的圆柱度则对于其在缸套中上下运动的顺畅性至关重要。

5. 轮廓度公差

(1)线轮廓度

线轮廓度是指被测实际要素相对于理想轮廓线所允许的变动量。其用来控制平面曲线(或曲面的截面轮廓)的形状或位置误差,线轮廓度公差带是包络一系列直径为公差值 t 的圆的两包络线之间的区域,如图 3-11 所示。

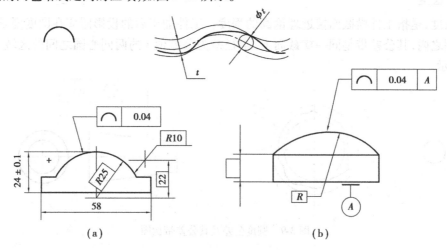

(a)　　　　　　　　　　　　(b)

图 3-11　线轮廓度及其公差带例图

（2）面轮廓度

面轮廓度是指被测实际要素相对于理想轮廓面所允许的变动量。它用来控制空间曲面的形状或位置误差。面轮廓度是一项综合误差，它既控制面轮廓度误差，又控制曲面上任一截面轮廓的线轮廓度误差。面轮廓度公差带是包络一系列直径为公差值 t 的球的两包络面之间的区域，如图 3-12 所示。

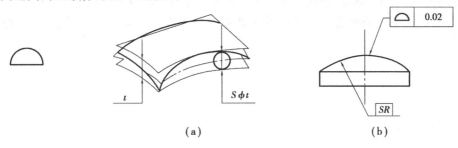

（a）　　　　　　　　　　　（b）

图 3-12　面轮廓度及其公差带例图

三、方向公差及其公差带

方向公差的公差带反应关联被测要素对基准要素在规定方向上允许的变动量，具体包括平行度、垂直度、倾斜度及线轮廓度和面轮廓度。

方向公差相对于基准有确定的方向，公差带的位置可以浮动，方向公差具有综合控制被测要素的方向和形状的作用。

1. 基准

基准是确定实际被测要素的方向或位置的参考对象，分为单一基准、公共基准、三基面体系。基准通常是用足够精确的表面来模拟体现的。

2. 平行度

当两要素要求互相平行时，用平行度公差来控制被测要素对基准的方向误差。

当给定一个方向上的平行度要求时，平行度公差带是距离为公差值 t，且平行于基准平面的两平行平面之间的区域，如图 3-13 所示。

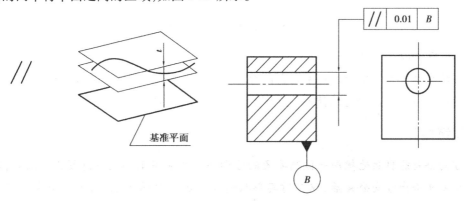

图 3-13　平行度及其公差带例图

3. 垂直度

垂直度用于评价直线之间、平面之间或平面与直线之间的垂直状态,公差带为垂直于基准线(面)的两个平行平面之间的区域,两个平行平面间的距离为 $t(t=0.05)$,被测线(面)必须位于这两个平面之间。

如图 3-14 中,被测孔的轴线必须位于距离为公差值 $t(t=0.05)$ 且垂直于基准线 A (基准孔轴线)的两平行平面之间,其公差带是距离为公差值 t 且垂直于基准线的两平行平面之间的区域。

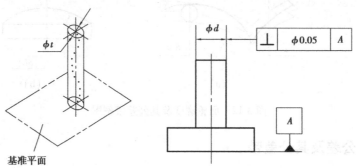

图 3-14　垂直度及其公差带例图

4. 倾斜度

当被测要素和基准要素的方向角大于 $0°$ 或小于 $90°$,可以使用倾斜度,如图 3-15 所示。

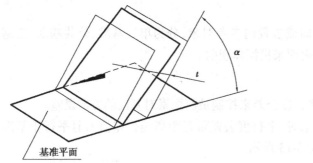
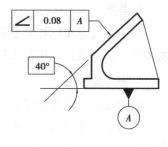

图 3-15　倾斜度及其公差带例图

5. 线轮廓度

线轮廓度公差带是包络一系列直径为公差值 t 的圆的两包络线之间的区域。诸圆的圆心应位于由基准 A 确定的被测要素理论正确尺寸的几何形状上,如图 3-16 所示。

【知识链接】

方向公差能自然地把同一被测要素的方向误差控制在定向误差范围内。因此,对某一被测要素给出方向公差后,仅在对其形状精度有进一步的要求时,另行给出形状公差值,而形状公差值必须小于方向公差值。

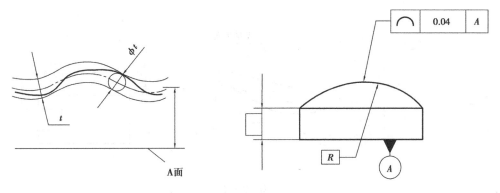

图 3-16　线轮廓度及其公差带例图

四、位置公差及其公差带

位置公差是指关联实际要素的位置对基准要素所允许的变动量,具体包括同轴度(同心度)、位置度和对称度。

位置公差带具有确定的方向,相对于基准的尺寸为理论正确尺寸,具有综合控制被测要素位置、方向和形状的功能。

1.同轴度

同轴度公差用于控制轴类零件的被测轴线对基准轴线的同轴度误差,其公差带是直径为公差值 ϕt 的圆柱面内的区域,该圆柱面的轴线与基准轴线同轴,如图 3-17 所示。

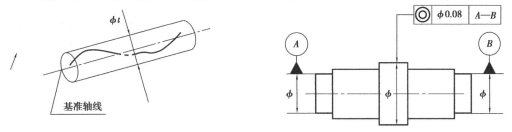

图 3-17　同轴度及其公差带例图

2.对称度

对称度公差用于控制被测要素中心平面对基准要素中心平面的共面性误差。其公差带是距离为公差值 t 且相对基准要素中心平面对称配置的两平行平面之间的区域,如图 3-18 所示。

【知识链接】

对某一被测要素给出位置公差后,仅在对其方向精度或(和)形状精度有进一步要求时,才另行给出方向公差或(和)形状公差,而方向公差值必须小于位置公差值,形状公差值必须小于方向公差值。

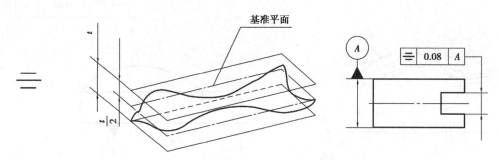

图 3-18　对称度及其公差带例图

3.位置度

位置度公差用于控制被测要素(点、线、面)对基准要素的位置误差,多用于控制孔的轴线在任意方向的位置误差。如图 3-19(a)表示位置度的箭头所指点必须位于以公差值 0.3 为直径的圆内($\phi t = \phi 0.3$),该圆的圆心位于相对基准 A 和 B(基准直线)所确定的点的理想位置上,即距 A 面 68,距 B 面 100,公差带范围如图 3-19(b)所示。

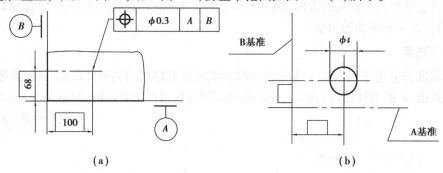

图 3-19　位置度及其公差带例图

五、跳动公差及其公差带

跳动公差用来控制跳动,是以特定的检测方式为依据的公差项目。

跳动公差是关联实际要素绕基准轴线回转一周或几周时所允许的最大跳动量,包括圆跳动公差和全跳动公差。跳动公差相对于基准轴线有确定的位置,可以综合控制被测要素的位置、方向和形状。

1.圆跳动公差

(1)径向圆跳动公差

径向圆跳动公差带是在垂直于基准轴线的任一测量平面上,半径差为公差值 t,且圆心在基准轴线上的两同心圆之间的区域,如图 3-20 所示。

(2)轴向圆跳动公差

轴向圆跳动公差带是在与基准轴线同轴的任一直径位置的测量圆柱面上,距离为圆跳动公差值 t 的两圆之间的区域,如图 3-21 所示。

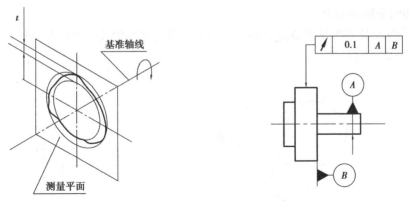

图 3-20　径向圆跳动公差及其公差带例图

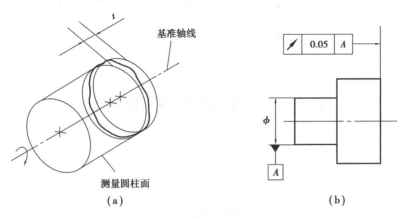

（a）　　　　　　　　　　　　　　　　（b）

图 3-21　轴向圆跳动公差及其公差带例图

2. 全跳动公差

全跳动公差是指关联实际被测要素相对于理想回转面所允许的变动全量。全跳动公差分为径向全跳动公差和轴向全跳动公差。

（1）径向全跳动公差

径向全跳动公差带是半径为全跳动公差值 t，且与基准轴线同轴的两同轴圆柱面之间的区域。径向全跳动公差带与圆柱公差带是相同的，因此可用径向全跳动公差代替圆柱度公差，如图 3-22 所示。

图 3-22　径向全跳动公差及其公差带例图

（2）轴向全跳动公差

轴向全跳动公差带是距离为全跳动公差值 t，且与基准轴线垂直的两平行平面之间的区域，如图 3-23 所示。

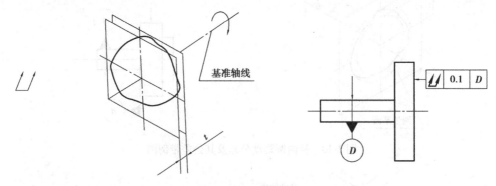

图 3-23　轴向全跳动公差及其公差带例图

第三节　几何公差的标注

一、形位公差框格

形位公差框格由两个框格或多个格框组成，框格中的主要内容从左到右按以下次序填写：公差特征项目符号、公差值及有关附加符号、基准符号及有关附加符号。如图 3-24 所示，两个框格是形状公差，三个框格是位置公差，三个以上的框格是有多个基准。

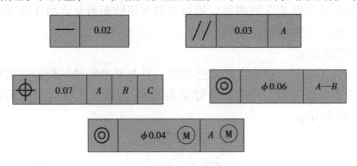

图 3-24　形位公差框格

二、被测要素的标注

被测要素是指图样上给出了形位公差要求的要素，它是被检测的对象。被测要素的箭头指引线将形位公差框格与被测要素相连，有以下两类标注形式。

1. 被测要素为轮廓要素的标注

轮廓要素是指构成零件外形的,能直接为人们所感觉到的点、线、面等要素。当公差仅涉及轮廓线或表面时,将指引线箭头置于被测要素的轮廓线或轮廓线的延长线上,但必须与尺寸线明显错开,即不得与尺寸线重合,如图 3-25(b)所示,图中指引线箭头位置是圆柱的轮廓线。

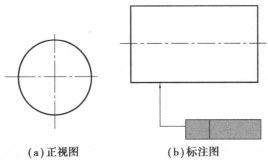

(a)正视图 　　　　(b)标注图

图 3-25　轮廓要素的标注

2. 被测要素为中心要素的标注

中心要素是指由轮廓要素导出的一种要素,如球心、轴线、对称中心线、对称中心面等。当公差涉及轴线、中心平面时,带箭头的指引线应与尺寸线的延长线重合,如图 3-26 所示。有时指引线的箭头可以代替尺寸线箭头,因为尺寸线箭头在尺寸线外侧。

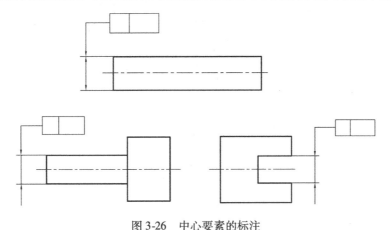

图 3-26　中心要素的标注

三、基准要素的标注

基准要素是指用来确定被测要素方向或位置的要素,在图样上一般用基准代号标注。

1. 基准代号

相对于被测要素的基准要素用基准代号表示。基准代号包含直径为工程字高的,细实线的圆圈;长度约等于圆圈直径的,粗实线的基准符号;将圆圈和基准符号连起来,细实线的连线;大写字母的基准字母,如图 3-27 所示。基准符号应靠近基准要素的可见轮廓线或轮廓线的延长线(相距约 1 mm)。连线方向指向圆圈的圆心。为不引起误解,基准字母 E、I、J、M、O、P、L、R、F 因有其他含义,不用作基准字母。

2. 轮廓要素作为基准时的标注

当所选基准为轮廓要素时,基准代号的连线不得与尺寸线对齐,应错开一定距离。如图 3-28 所示,A 基准在轮廓线旁边,B 基准在轮廓线的延长线上,基准符号与尺寸无关。

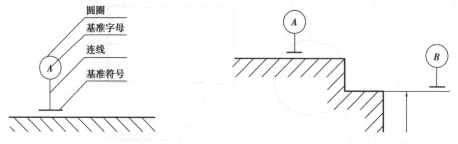

图 3-27　基准代号的组成　　　　图 3-28　基准为轮廓要素的标注

3. 中心要素作为基准时的标注

当中心要素作为基准时,基准代号的连线应与相应基准要素的尺寸线对齐。如图 3-29 所示,基准符号与尺寸线对齐,其和尺寸的中心要素有关。

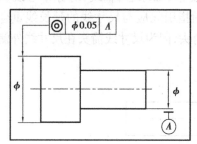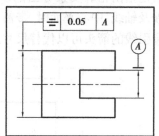

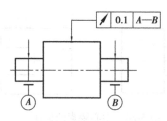

图 3-29　基准为中心要素的标注

四、基准要素的标注方法

基准要素的标注方法见表 3-2。

表 3-2　基准要素的标注方法

基准要素		标注方法	标注示例
相对于被测要素的基准,由基准字母表示。带小圆的大写字母用细实线与粗的短横线相连,表示基准的字母也应标注在公差框格内			
①基准要素为轮廓要素时	为线、表面等时	基准代号中的短横线应靠近基准要素的轮廓线或轮廓面,也可靠近轮廓的延长线,但应与尺寸线错开	
	受到图形限制时	基准代号也可直接标注在面上,此时应在面上画一小黑点,并以此引出指引线和基准代号	
②基准要素为中心要素时	为中心点、轴线、中心平面等时	基准代号的连线应与该要素的尺寸线对齐。基准代号中的短横线可代替尺寸线的一个箭头	
	为圆锥体的轴线时	基准代号中的连线应与轴线垂直,短横线应与圆锥面的方向一致	
③基准要素为局部要素时		当基准要素是指某一局部时,应用粗点划线画出其局部范围,并加注必要的尺寸	
④公共基准要素的标注		当要求两个要素一起作为公共基准要素时,应在这两个要素上分别标注基准代号,并在公差框格中一个基准栏内注上用短横线相连的两个基准字母	

续表

基准要素	标注方法	标注示例
⑤三基面体系的标注	当要求以三个互相垂直的要素组成的一个三基面体系为基准时,应在每一个基准要素上标注基准代号,并按基准顺序将三个基准代号标注在公差框格内	
⑥采用基准代号标注时	单一基准要用大写字母表示	
	由两个要素组成的公共基准,用由横线隔开的两个大写字母表示	
	由两个或三个要素组成的基准体系,如多基准组合,表示基准要素的大写字母应按基准的优先次序从左至右分别置于各格中	
⑦任意基准的标注	具体情况具体分析	
⑧需要在基准要素上指定某些点、线或局部表面来体现各基准平面时,应标注基准目标	基准目标为点时,用"×"表示	
	基准目标为线时,用细线表示,并在棱边上加"×"	

续表

基准要素	标注方法	标注示例
⑧需要在基准要素上指定某些点、线或局部表面来体现各基准平面时,应标注基准目标	基准目标为局部表面时,用双点划线绘出该局部表面的图形,并画上与水平线成45°的细实线	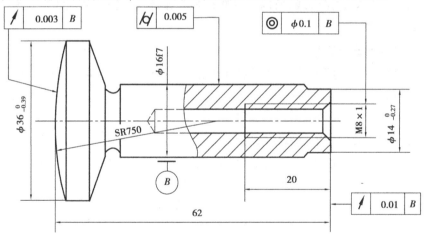

五、形位公差数值的标注方法及示例

如图 3-30 所示是活塞杆,从图中可以看到,有四处形位公差,第一处,左上方球面 SR750 是轮廓要素,对 A 基准是 ϕ16f7 的轴线的径向圆跳动公差为 0.03 mm;第二处,ϕ16f7 圆柱面的圆柱度公差为 0.005 mm,被测要素是轮廓要素;第三处,螺纹 M8 × 1 的轴线对 ϕ16f7 的轴线的同轴度公差为 ϕ0.1 mm,被测要素和基准要素都是中心要素;第四处,右下方活塞杆最右端面对 ϕ16f7 的轴线的端面圆跳动公差为 0.01 mm。

图 3-30 活塞杆形位公差标注

第四节 几何公差的选择

几何误差对零部件的加工和使用性能有很大的影响。因此,正确合理地选择几何公差,对保证零件达到使用要求以及提高经济效益都十分重要。几何公差的选择步骤是:首先确定公差项目,确定位置公差的同时确定基准要素,然后确定该项目的公差值。

一、几何公差项目的选择

几何公差项目一般是根据零件的几何特征和使用要求进行选择。在保证零件使用功能的要求下,应尽量使几何公差项目减少,检测方法更简便,选择的具体因素如图 3-31 所示。

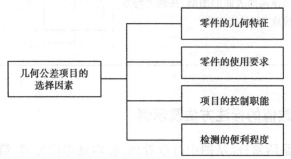

图 3-31　几何公差项目的选择因素

1. 考虑零件的几何特征

零件不同的几何特征,会产生不同的误差。例如,对于阶梯轴零件,它的组成要素是圆柱面、端面,导出要素是轴线,所以可以选择圆度、圆柱度、轴线的直线度及素线的直线度等几何公差项目。

2. 考虑零件的使用要求

根据零件的不同使用要求,可以选择不同的几何公差项目。例如,阶梯轴零件,其轴线有位置要求,可选用同轴度或跳动公差;又如机床导轨,其直线度误差会影响与其结合的零件的运动精度,可对其规定直线度公差。

3. 考虑几何公差项目的综合控制职能

各项几何公差项目的控制功能都不尽相同,选择时要尽量发挥它们的综合控制职能,以便减少几何公差项目。例如,方向公差可以控制与之有关的形状公差;位置公差可以控制与之有关的形状公差和方向公差;跳动公差可以控制与之有关的形状公差、方向公差和位置公差。

4. 考虑检测的方便性

在同样满足零件使用要求的前提下,应选择检测更简便的项目。例如,对于轴类零件,同轴度公差可以用径向圆跳动公差或径向全跳动公差代替;端面对轴线的垂直度公差可以用轴向圆跳动公差或轴向全跳动公差代替。这是因为跳动公差检测方便,而且与零件的工作状态比较吻合。

二、基准要素的选择

选择基准要素时,应根据设计要求,兼顾基准统一原则和结构特征,一般从以下几方面来考虑。

①根据实际要素的功能要求及要素间的几何关系来选择基准要素。

②从装配关系考虑,应选择零件相互配合、相互接触的表面作为基准要素,以保证零件的正确装配。

③从加工和测量角度考虑,应选择加工比较精确的表面、方便安装工夹量具中的定位表面作为基准要素,并尽量统一装配、加工和检测基准。

④当被测要素需要采用多基准定位时,可选用组合基准或三基面体系;还应从被测要素的使用要求出发,考虑基准要素的使用顺序。

三、几何公差值的选择

几何公差值的选择原则与尺寸公差一样,即在满足零件功能要求的前提下选取较小的公差值。同时应注意,对于同一被测要素,形状公差值、方向公差值、位置公差值、尺寸公差值应满足下列关系:

$$T_{形状} < T_{方向} < T_{位置} < T_{尺寸}$$

几何公差值的大小是由几何公差等级决定的,而公差等级的大小代表几何公差的精度。

对于几何公差有较高要求的零件,均应在图样上按规定方法注出公差值。几何公差值的大小由几何公差等级和零件的主参数确定。图样上未注公差值的要素并不是没有几何公差精度要求,其精度要求由未注几何公差来控制。国家标准中各几何公差数值表及未注公差的数值表可查看相关手册。

本章小结

本章首先介绍几何公差的研究对象是什么,引出零件的概念及分类,并从形位公差项目及符号过渡到几何公差与几何公差带、方向公差与方向公差带、位置公差与位置公差带等等的概念介绍,并附上例图将抽象的概念描述具体化。了解概念之后,通过对几何公差标注的学习,对被测要素、基准要素有更清晰的认识。面对种类繁多的形位公差及要素,在实际应用中如何根据具体情况选择需要的项目也是值得同学们思考的问题。

复习与思考

一、选择题

1. 以下属于位置公差的是(　　　)。

A. 直线度   B. 圆柱度   C. 线轮廓度   D. 同轴度

2. 孔公差带优先选用的公差带有(　　)种。

A. 12   B. 11   C. 13   D. 10

3. 公差带的实际方向是由(　　)决定的。

A. 最大条件   B. 最小条件

C. 最大条件或最小条件   D. 不确定

4. "□"表示(　　)。

A. 直线度   B. 圆柱度   C. 平面度   D. 位置度

5. 当某孔标注为 $\phi45H7$Ⓔ时,表明其对应要素遵守(　　)要求。

A. 最大实体   B. 最小实体   C. 独立   D. 包容

6. 下列不属于固定位置公差带的是(　　)。

A. 同轴度   B. 对称度   C. 部分位置度   D. 直线度

7. 径向全跳动的被测要素为(　　)。

A. 轴心线   B. 垂直轴线的任一正截面

C. 整个圆柱面   D. 轴心线或圆

8. 公差原则是指(　　)。

A. 确定公差值大小的原则   B. 确定公差与配合标准的原则

C. 形状公差与位置公差的关系   D. 尺寸公差与形位公差的关系

二、简答题

1. 什么是形位公差带?形位公差带有哪几个要素?

2. 解释如图 3-32 所示形位公差数值标注的含义。

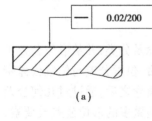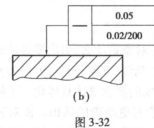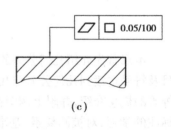

(a)   (b)   (c)

图 3-32

三、综合题

1. 根据下列技术要求,将代号标注在图 3-33 中。

(1)孔 $\phi40H7$ 内表面圆度公差值为 0.007 mm。

(2)孔 $\phi40H7$ 中心线对孔 $\phi20H7$ 中心线的同轴度公差值为 $\phi0.02$ mm。

(3)圆锥面对孔 $\phi20H7$ 中心线的斜向圆跳动公差值为 0.02 mm。

2. 将下面的形位公差标注在图 3-34 上。

(1)$\phi22h6$ 轴线对 $\phi23$ 轴线的同轴度公差为 $\phi0.025$ mm。

(2) $\phi41m7$ 轴线对右端面的垂直度公差为 0.04 mm。

(3) $\phi41m7$ 圆柱任一正截面的圆度公差为 0.01 mm。

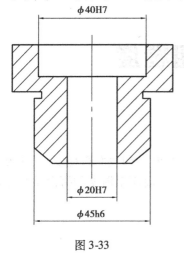

图 3-33

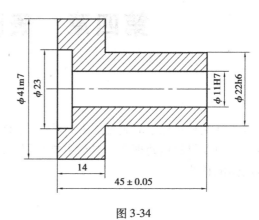

图 3-34

第四章　表面粗糙度

零件在制造过程中应满足加工要求(通常称为技术要求),如表面粗糙度、尺寸公差、几何公差以及材料热处理等。本章主要介绍新国家标准中表面粗糙度的概念及其评定、标注、选用、检测。

第一节　基本概念

一、表面结构的含义

表面结构是指零件表面的几何形貌,它是表面粗糙度、表面波纹度、表面纹理、表面缺陷和表面几何形状的总称。

表面结构的各种特性都是零件在金属切削加工过程中,由于工艺等因素形成的。如图 4-1 所示,零件表面的实际轮廓是由表面粗糙度、表面波纹度及形状误差综合影响的结果。表面粗糙度是微观状态下的几何形状误差,形状误差是宏观状态下的几何形状误差。二者通常根据波距 λ 和波高 h 之比来划分,一般比值大于 1 000 的为形状误差,比值小于 40 的为表面粗糙度,介于二者之间的称为表面波纹度。

二、表面粗糙度的概念

在机械加工时,在零件被切削的过程中,由于切屑分离时的塑性变形、工艺系统中的高频振动以及刀具与加工面的摩擦等,零件的加工表面会产生微小的峰谷,形成微小的几何形状误差,这就是表面粗糙度。表面粗糙度越小,表面越光滑。因此,表面粗糙度是反映零件加工表面上微小峰谷的间距和高低状况的微观几何形状误差。

表面粗糙度与表面波纹度以及形状误差在量级上有区别,通常波距小于 1 mm 的属于表面粗糙度;波距在 1~10 mm 的属于表面波纹度;波距大于 10 mm 的属于形状误差,如图 4-2 所示。

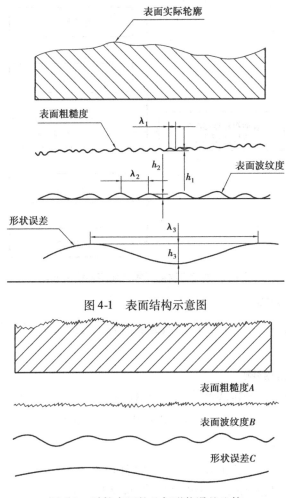

图 4-1　表面结构示意图

图 4-2　零件表面的几何形状误差比较

三、表面粗糙度对零件使用性能的影响

表面粗糙度与零件的配合性能、耐磨性、工作精度、抗疲劳强度、抗腐蚀性等有着密切的关系,对零件的使用性能和工作寿命有很大的影响,如图 4-3 所示。

1. 对配合性能的影响

表面粗糙度影响零件配合性能的稳定性。对于间隙配合,相对运动的零件表面因粗糙不平而迅速磨损,致使实际间隙增大;对于过盈配合,零件表面的微小峰谷在装配时被挤平,使实际有效过盈量减小,降低连接强度。

2. 对耐磨性的影响

表面粗糙度影响零件的磨损程度。由于零件表面粗糙不平,其两表面的峰顶相互接触,相对运动时产生摩擦力,使零件发生磨损。一般来说,零件表面越粗糙,则摩擦力越大,零件磨损程度也越大。

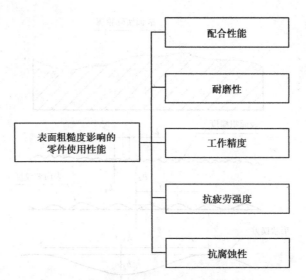

图 4-3　表面粗糙度对零件使用性能的影响

3. 对工作精度的影响

表面粗糙度影响零件的工作精度。粗糙表面易于磨损,配合间隙增大,从而影响零件的工作精度。

4. 对抗疲劳强度的影响

表面粗糙度影响零件的抗疲劳强度。粗糙表面的凹痕越深,在交变应力的作用下,零件越容易因应力集中而疲劳,导致零件表面产生裂纹而损坏。

5. 对抗腐蚀性的影响

表面粗糙度影响零件表面的锈蚀程度。零件粗糙表面的凹处易积存腐蚀性物质,腐蚀性物质渗入金属内层,致使零件表面锈蚀,形成斑块并脱落。

6. 对零件其他性能的影响

表面粗糙度还对零件其他性能有许多影响,如影响结合面的密封性、外观、测量精度等。

综上所述,对于合格的零件,在满足尺寸公差、形位公差的同时,必须满足表面粗糙度的要求,才能保证零件的互换性。如图 4-4 所示为表面粗糙度剖面放大图。

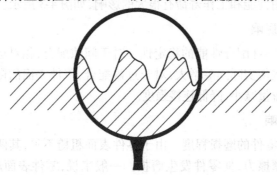

图 4-4　表面粗糙度剖面放大图

第二节 表面粗糙度的评定

一、基本术语和定义

1. 取样长度

取样长度是指为测量或评定表面粗糙度所规定的一段基准线长度,用 l 表示。规定取样长度的目的是限制和减弱其他几何形状误差,特别是表面波纹度对测量表面粗糙度结果的影响。取样长度的方向应与轮廓走向一致,如图4-5所示。

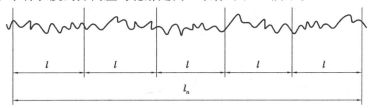

l——取样长度;l_n——评定长度

图4-5 取样长度与评定长度

2. 评定长度 l_n

由于加工表面有着不同程度的不均匀性,为了充分合理地反映某一表面的粗糙度的特性而规定在评定时所必需的一段表面长度,称为评定长度。它包括一个或几个取样长度,如图4-5所示。一般情况下,取 $l_n = 5l$。

3. 轮廓中线

轮廓中线是指评定表面粗糙度参数值的一条基准线。轮廓中线有以下两种。

(1)轮廓的最小二乘中线

由于加工表面的不均匀性,为合理反映表面粗糙度的特征而确定的一段最小长度,就是最小二乘中线。轮廓的最小二乘中线是指根据实际轮廓用最小二乘法来确定的基准线,即在取样长度内,使轮廓上各点至一条假想线的距离 h_i 的平方和为最小。如图4-6所示。

(2)轮廓的算术平均中线

轮廓的算术平均中线是指在取样长度内,由一条假想线将实际轮廓分成上下两部分,并使上下两部分的面积相等,这条假想线就是算术平均中线,如图4-7所示。

二、表面粗糙度的评定参数

为了完善地评定零件的表面粗糙度,国家标准根据零件表面微观几何形状的高度、间距、形状三个方面的特征,规定了相应的表面轮廓的高度特征参数、间距特征参数和形状特征参数。以下介绍与高度特征有关的评定参数。

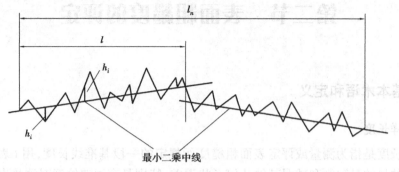

图 4-6　轮廓的最小二乘中线

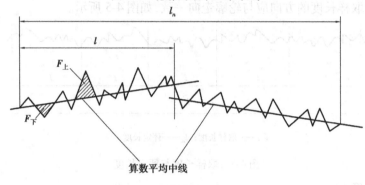

图 4-7　轮廓的算术平均中线

1. 轮廓算术平均偏差 R_a

轮廓算术平均偏差 R_a 是指在取样长度内,被测轮廓线上各点到基准线的距离的绝对值的算术平均值,如图 4-8 所示。R_a 值越大,零件表面越粗糙。R_a 值能充分反映表面微观几何形状的高度方面的特性,并且测量方便,所以国家标准优先推荐选用 R_a 值作为表面粗糙度的评定参数。

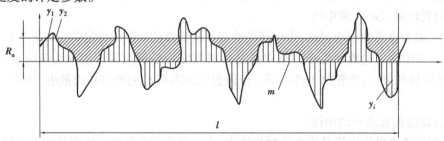

图 4-8　轮廓算术平均偏差 R_a

2. 微观不平度十点高度 R_z

微观不平度十点高度 R_z 是指在取样长度内选取的 5 个最大的轮廓峰高的平均值与 5 个最大的轮廓谷深的平均值之和,如图 4-9 所示。R_z 值越大,零件表面越粗糙。因测点少，R_z 值不能充分反映表面微观几何形状的特性，但轮廓峰高和轮廓谷深易用光学显微镜测量，再加上计算方便，所以应用较多。

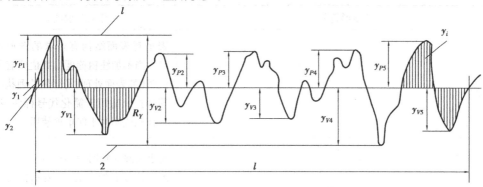

图 4-9 微观不平度十点高度 R_z

3. 轮廓最大高度 R_y

轮廓最大高度是指在取样长度内，轮廓峰顶线与轮廓谷底线之间的距离，如图 4-10 所示。R_y 值不如 R_a、R_z 值全面，但测量简便，所以常用于不允许有较深加工痕迹或某些较小的零件表面。

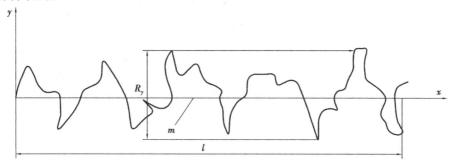

图 4-10 轮廓最大高度 R_y

除了以上介绍的与高度特征有关的评定参数外，还有与间距特征有关的评定参数、与形状特征有关的评定参数。国家标准规定，与高度特征有关的评定参数是基本评定参数。

第三节 表面粗糙度的标注

一、表面结构的图形符号

在图样中，对表面结构的要求可用几种不同的图形符号表示。各种表面结构的图形符号及其含义如表4-1所示。

表4-1 表面结构的图形符号及其含义

图形符号		含义及说明
基本图形符号		表示对表面结构有要求的图形符号。当不加注粗糙度参数值或有关说明(如表面处理、局部热处理状况等)时,仅适用于简化代号标注,没有补充说明时不能单独使用
扩展图形符号	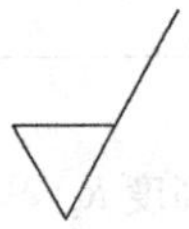	要求去除材料的图形符号。在基本图形符号上加一短横,表示指定表面是用去除材料的方法获得的,如通过机械加工获得的表面
		不允许去除材料的图形符号。在基本图形符号上加一个圆圈,表示指定表面是用不去除材料的方法获得的
完整图形符号	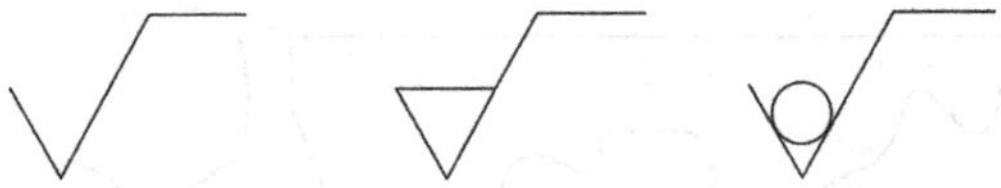 允许任何工艺　去除材料　不去除材料	当要求标注表面结构特征的补充信息时,应在基本图形符号和扩展图形符号的长边上加一横线
工件轮廓各表面的图形符号	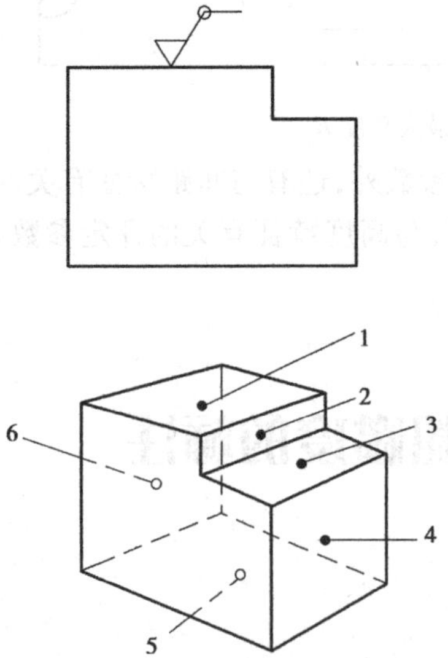	当在图样某个视图上构成封闭轮廓的各表面有相同的表面结构要求时,应在完整图形符号上加一圆圈,标注在图样中工件的封闭轮廓线上。如果标注会引起歧义,各表面应分别标注 [注:图示的表面结构的图形符号是对图形中封闭轮廓的六个面(不包括前后面)的共同要求。]

二、表面粗糙度的代号与高度参数

1. 表面粗糙度的代号

在标注表面粗糙度的基本符号的基础上,注出表面粗糙度的数值及有关规定,就形成了表面粗糙度的代号。表面粗糙度的数值及有关规定在符号中标注的位置如图 4-11 所示,图中:

a_1、a_2——粗糙度高度参数代号及其数值,参数为 R 时,参数前可不标注符号;

b——加工方法、镀覆、涂覆或其他说明等;

c——取样长度,mm;

d——表示加工纹理方向的符号(表示加工纹理方向的符号见表4-2);

e——加工余量,mm;

f——粗糙度间距参数值,mm。

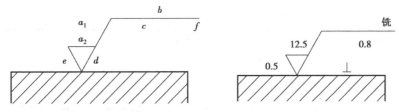

图 4-11　表面粗糙度代号的标注位置

表 4-2　表示加工纹理方向的符号(GB/T 131—1993)

符号	解释和示例	符号	解释和示例
二	纹理平行于视图所在的投影面	C	纹理近似同心圆且圆心与表面中心相关
⊥	纹理垂直于视图所在的投影面	R	纹理呈近似放射状且与表面圆心相关

续表

符号	解释和示例	符号	解释和示例
X	纹理呈两斜向交叉且与视图所在的投影面相交 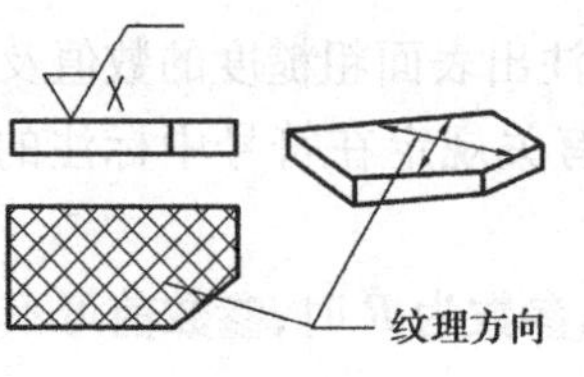	P	纹理呈微粒、凸起状,无方向 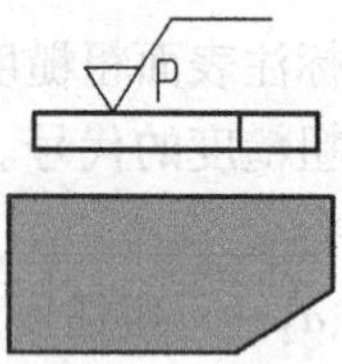
M	纹理呈多方向 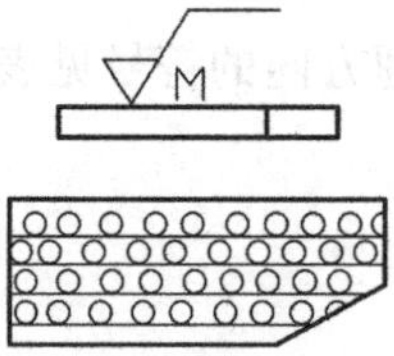		

注:如果表面纹理不能用符号清楚表示,那么在必要时可以在图样上加注说明

2.表面粗糙度的高度参数

表面粗糙度的评定以高度参数为主要特征,标注示例及其意义如表4-3所示。

表4-3 表面粗糙度的高度参数标注示例及其意义

代号示例	含义/解释	补充说明
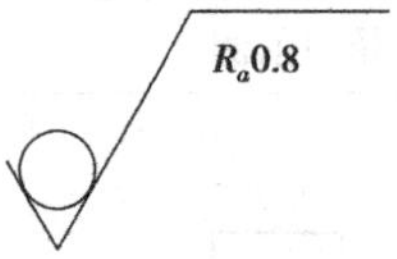 $R_a0.8$	表示不允许去除材料,单向上限值,默认传输带,R 轮廓,算术平均偏差为0.8	参数代号与极限值之间应留空格(下同),本例未标注传输带,应理解为默认传输带,此时取样长度可在 GB/T 10610 和 GB/T 6062 中查取
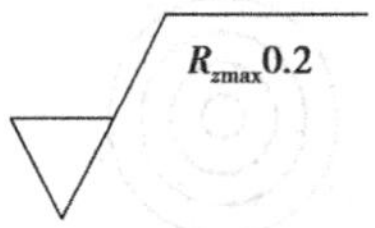 $R_{zmax}0.2$	表示去除材料,单向上限值,默认传输带,R 轮廓,粗糙度高度的最大值为 0.2 μm	示例 No.1~No.4 均为单向极限要求,且均为单向上限值,则均可不加注"U",若为单向下限值,则应加注"L"
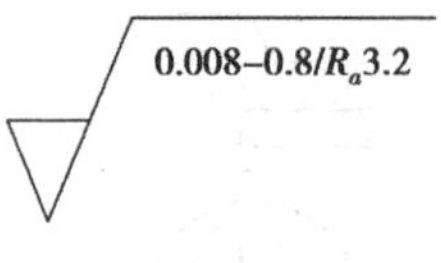 $0.008–0.8/R_a3.2$	表示去除材料,单向上限值,传输带 0.008 ~ 0.8 mm,R 轮廓,算术平均偏差为 3.2 μm	传输带"0.008 ~ 0.8"中的前后数值分别为短波和长波滤波器的截止波长值($\lambda_s - \lambda_c$),以示波长范围。此时取样长度等于 λ_s,则 $l_r = 0.8$ mm
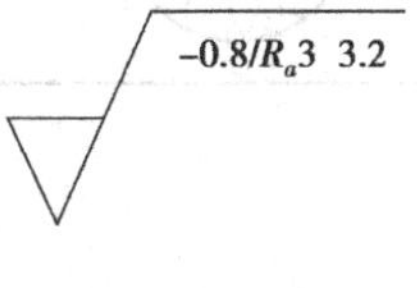 $–0.8/R_a3\ 3.2$	表示去除材料,单向上限值,传输带:根据 GB/T 6062,取样长度为 0.8 mm(λ_s 值默认为 0.002 5 mm),R 轮廓,算术平均偏差为 3.2 μm	传输带仅标注一个截止波长值(本例 0.8 表示 λ_c 值)时,另一截止波长值 λ_s 应理解成默认值,在 GB/T 6062 中查知 $\lambda_s = 0.002\ 5$ mm

续表

代号示例	含义/解释	补充说明
$\sqrt{\begin{array}{l} U\ R_{amax}\ 3.2 \\ L\ R_a\ 0.8 \end{array}}$	表示不允许去除材料,双向极限值,两极限值均使用默认传输带,R轮廓,上限值:算术平均偏差为3.2 μm;下限值:算术平均偏差为0.8 μm	本例为双向极限要求,用"U"和"L"分别表示上限值和下限值。在不致引起歧义时,可不加注"U""L"

注:①表中参数的上限值或下限值(未标注"max"或"min"的),是允许表面粗糙度的实测值可以超过规定值,但所有实测值中超过规定值的实测值个数应少于总数的16%;而参数的最大值或最小值(表中标注"max"或"min"的),则是要求表面粗糙度参数的所有实测值都不能超过规定值。
②表中参数一般指单向上限值(未加注说明的);若参数为下限值,则应在参数代号前加L;若表示双向极限,应标注极限代号,上限值在上方用U表示,下限值在下方用L表示。

三、结构要求在图样上的标注

表面粗糙度符号、代号一般标注在图样上的可见轮廓线、尺寸界线、引出线或它们的延长线上,符号的尖端从材料外指向被测表面,代号中数字及符号的标注书写方向应与表示尺寸的数字方向一致,如图4-12所示。当零件大部分表面具有相同的表面粗糙度要求时,对其中使用最多的一种代号可以统一标注在图样的右上角,并加"其余"两字。

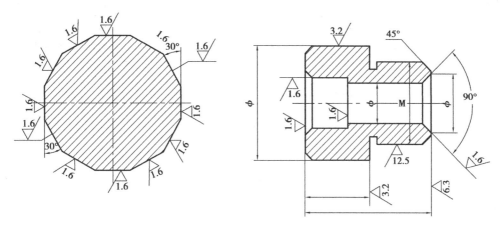

图4-12 表面粗糙度代号在图样上的标注

表面结构要求对每一表面一般只标注一次,并尽可能标注在相应的尺寸及其公差的同一视图上。除非另有说明,所标注的表面结构要求是对完工零件表面的要求,见表4-4。

表4-4 表面结构符号、代号的标注位置与方向

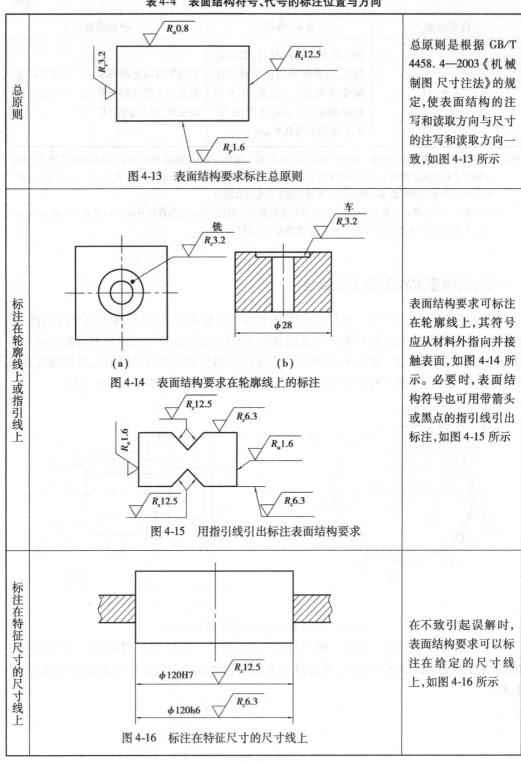

总原则	总原则是根据 GB/T 4458.4—2003《机械制图 尺寸注法》的规定,使表面结构的注写和读取方向与尺寸的注写和读取方向一致,如图4-13 所示
标注在轮廓线上或指引线上	表面结构要求可标注在轮廓线上,其符号应从材料外指向并接触表面,如图4-14 所示。必要时,表面结构符号也可用带箭头或黑点的指引线引出标注,如图4-15 所示
标注在特征尺寸的尺寸线上	在不致引起误解时,表面结构要求可以标注在给定的尺寸线上,如图4-16 所示

图4-13 表面结构要求标注总原则

图4-14 表面结构要求在轮廓线上的标注

图4-15 用指引线引出标注表面结构要求

图4-16 标注在特征尺寸的尺寸线上

续表

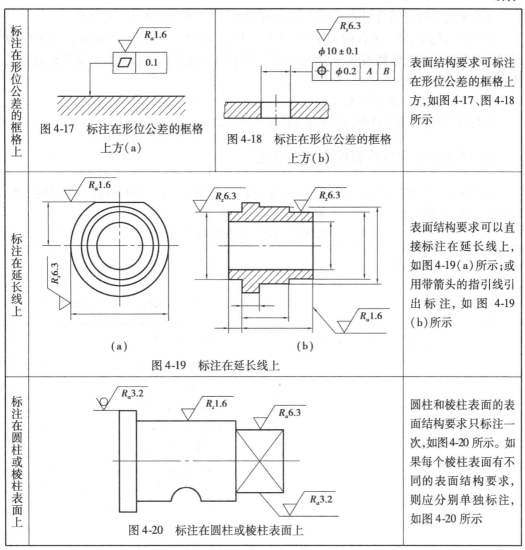

标注在形位公差的框格上		表面结构要求可标注在形位公差的框格上方,如图4-17、图4-18所示

图4-17 标注在形位公差的框格上方(a)

图4-18 标注在形位公差的框格上方(b)

标注在延长线上		表面结构要求可以直接标注在延长线上,如图4-19(a)所示;或用带箭头的指引线引出标注,如图4-19(b)所示

(a) (b)

图4-19 标注在延长线上

标注在圆柱或棱柱表面上		圆柱和棱柱表面的表面结构要求只标注一次,如图4-20所示。如果每个棱柱表面有不同的表面结构要求,则应分别单独标注,如图4-20所示

图4-20 标注在圆柱或棱柱表面上

第四节　表面粗糙度参数值与零件加工方法

一、表面粗糙度评定参数值的选择原则

表面粗糙度的参数值越小,零件表面越光滑,但加工也越困难,成本越高。因此表面粗糙度的评定参数值的选择应在满足零件表面功能要求的前提下,兼顾经济性和加工的

可能性。具体原则如下：

①在满足零件使用功能的前提下，尽量选用大的参数值，以降低加工成本。

②一般情况下，同一零件的工作表面的粗糙度参数值应比非工作表面小；摩擦表面的粗糙度参数值应比非摩擦表面小；运动速度高、单位面积上压力大以及承受交变载荷的工作表面，其参数值应小。

③对尺寸公差、几何公差要求高的表面，粗糙度参数值应小。

④对抗腐蚀性、密封性要求高的表面，粗糙度参数值应小。

二、常用加工方法达到的表面粗糙度

表面粗糙度与加工方法密切相关。通常可以根据加工方法，判断所加工零件的表面粗糙度的 R_a 值的大致范围。各类加工方法对应的 R_a 值见表 4-5。

表 4-5　各类加工方法对应的表面粗糙度

$R_a/\mu m$ ≤	表面状况	加工方法	应用举例
100	明显可见的刀痕	粗车、镗、刨、钻	粗加工的表面，如粗车、粗刨、切断等表面，用粗锉刀和粗砂轮等加工的表面，一般很少采用
25、50			粗加工后的表面，焊接前的焊缝、粗钻孔壁等
12.5	可见刀痕	粗车、刨、铣、钻	一般非结合表面，如轴的端面、倒角、齿轮及带轮的侧面、键槽的非工作表面，减重孔眼表面等
6.3	可见加工痕迹	车、镗、刨、钻、铣、锉、磨、粗铰、铣齿	不重要零件的非配合表面，如支柱、支架、外壳、补套、轴、盖等的端面。紧固件的自由表面，紧固件通孔的表面，内、外花键的非定心表面，不作为计量基准的齿轮顶圆表面等
3.2	微见加工痕迹	车、镗、刨、铣、刮 1～2 点/cm²、拉、磨、锉、滚压、铣齿	和其他零件连接不形成配合的表面，如箱体、外壳、端盖等零件的端面。要求有定心及配合性能的固定支承面如定心的轴肩，键和键槽的工作表面，不重要的紧固螺纹的表面，需要滚花或氧化处理的表面等
1.6	看不清加工痕迹	车、镗、刨、铣、铰、拉、磨、滚压、刮 1～2 点/cm²、铣齿	安装直径超过 80 mm 的 G 级轴承的外壳孔，普通精度齿轮的齿面，定位销孔，V 带轮的表面，外径定心的内花键外径，轴承盖的定中心凸肩表面等

续表

$R_a/\mu m$ ≤	表面状况	加工方法	应用举例
0.8	可辨加工痕迹的方向	车、镗、拉、磨、立铣、刮3~10点/cm²、滚压	要求保证定心及配合性能的表面，如锥销与圆柱销的表面，与G级精度滚动轴承相配合的轴颈和外壳孔，中速转动的轴颈，直径超过80 mm的E、D级滚动轴承配合的轴颈及外壳孔，内、外花键的定心内径，外花键键侧及定心外径，过盈配合IT7级的孔(H7)，间隙配合IT8~IT9级的孔(H8,H9)，磨削的轮齿表面等
0.4	微辨加工痕迹的方向	铰、磨、镗、拉、刮3~10点/cm²、滚压	要求长期保持配合性能稳定的配合表面，IT7级的轴、孔配合表面，精度较高的轮齿表面，受变应力作用的重要零件，与直径小于80 mm的E、D级轴承配合的轴颈表面，与橡胶密封件接触的轴表面，尺寸大于120 mm的IT13~IT16级孔和轴用量规的测量表面
0.2	不可辨加工痕迹的方向	布轮磨、磨、研磨、超级加工	工作时受变应力作用的重要零件的表面。保证零件的抗疲劳强度、抗腐蚀性和耐久性，并在工作时不破坏配合性能的表面，如轴颈表面、要求气密的表面和支承表面、圆锥定心表面等。IT5、IT6级配合表面，高精度齿轮的齿面，与C级滚动轴承配合的轴颈表面，尺寸大于315 mm的IT7~IT9级孔和轴用量规及尺寸大于120~315 mm的IT10~IT12级孔和轴用量规的测量表面等
0.1	暗光泽面	超级加工	工作时承受较大变应力作用的重要零件的表面，保证精确定心的锥体表面，液压传动用的孔表面，汽缸套的内表面，活塞销的外表面，仪器导轨面，阀的工作面。尺寸小于120 mm的IT10~IT12级孔和轴用量规的测量表面等

续表

$R_a/\mu m$ ≤	表面状况	加工方法	应用举例
0.05	亮光泽面	超级加工	保证高度气密性的接合表面,如活塞、柱塞和汽缸内表面,摩擦离合器的摩擦表面,对同轴度有精确要求的轴和孔,滚动导轨中的钢球或滚子和高速摩擦的工作表面
0.025	镜状光泽面		高压柱塞泵中柱塞和柱塞套的配合表面,中等精度仪器零件配合表面,尺寸大于 120 mm 的 IT6 级孔用量规、小于 120 mm 的 IT7 ~ IT9 级轴用和孔用量规的测量表面
0.012	雾状镜面	超级加工	仪器的测量表面和配合表面尺寸大于 100 mm 的块规工作表面
0.006 3			块规工作表面,高精度测量仪器的测量面,高精度仪器摩擦机构的支承表面

第五节　表面粗糙度的测量

测量表面粗糙度的常用方法有比较法、针描法、干涉法、印模法、光切法等。

一、比较法

比较法也称目测法和触觉法,将零件待测表面与粗糙度样块进行比较,通过目测或手摸判断零件被加工表面粗糙度。

表面粗糙度样块的材料、加工方法和加工纹理方向最好与被测零件相同,这样有利于比较,可提高判断的准确性。比较时,还可以借助放大镜、比较显微镜等工具,以减少误差、提高准确度。用比较法评定表面粗糙度虽然不精确,但由于器具简单、使用方便,且能满足一般的生产要求,故其为车间常用的测量方法。在测量范围方面,采用目测法,R_a 值一般为 3.2 ~ 50 μm;采用触觉法,R_a 值一般为 0.8 ~ 6.3 μm。

二、针描法

针描法也称感触法,测量时让触针与被测表面接触,当触针在驱动器驱动下沿被测表面轮廓移动时,由于表面轮廓凹凸不平,触针便在垂直于被测表面轮廓的方向上做垂直起伏运动,该运动通过传感器转换为电信号,电信号经放大和处理后,即可在显示器上显示表面轮廓评定参数值,也可通过记录仪器输出表面轮廓图形。

三、干涉法

干涉法是利用光波干涉原理来测量表面粗糙度,常用的仪器为干涉显微镜,如图 4-21 所示。由于这种仪器具有高放大倍数和鉴别率,故可以测量精密零件表面的粗糙度。干涉显微镜的测量范围是 R_a 值为 $0.008 \sim 0.2$ μm,适用于测量 R_z 的参数值。

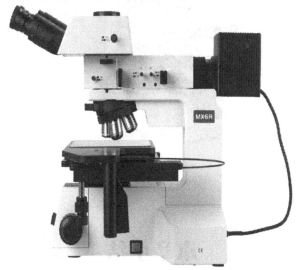

图 4-21　干涉显微镜

四、印模法

用塑性材料黏合在被测表面上,将被测表面轮廓复制成印模,然后测量印模。这种方法适用于对深孔、不通孔、凹槽、内螺纹、大工件及其难测部件进行检测。测量范围一般是 R_a 值为 $0.1 \sim 100$ μm。

五、光切法

光切法是利用光切原理来测量表面粗糙度的一种测量方法,常用仪器是光切显微镜(又称双管显微镜),如图 4-22 所示。

它将一束平行光带以一定角度投射到被测表面上,光带与表面轮廓相交的曲线影像即反映了被测表面的微观几何形状,解决了工件表面微小峰谷深度的测量问题,避免了与被测表面的接触。

由于它采用了光切原理,所以可测表面的轮廓峰谷的最大和最小高度受到物镜的景深和鉴别率的限制,峰谷高度超出一定的范围,就不能在目镜视场中形成清晰的真实图像,导致无法测量或者测量误差很大。由于该方法成本低、易于操作,所以还是被广泛应用。

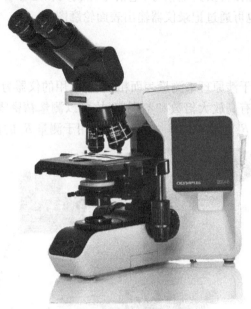

图 4-22　光切显微镜

本章小结

　　本章主要介绍了表面粗糙度的基本知识,包括表面粗糙度的概念、评定的主要参数、标注以及测量的方法等内容,其中,针对新的国家标准中关于表面粗糙度的图形符号,本章做了较详细的讲解,以方便同学们学习。

　　本章的学习重点是了解表面粗糙度的含义,能够正确识读图样上标注的表面粗糙度,掌握表面粗糙度的基本测量方法(如比较法、针描法等)。

复习与思考

一、选择题

　　1.在表面粗糙度的评定参数中,应优先选用(　　　)。

A. R_a 　　　　　　　B. R_z 　　　　　　　C. R_b 　　　　　　　D. R_y

2.用光切显微镜测量表面粗糙度,属于(　　)。

A. 比较法　　　　　B. 光切法　　　　　C. 针描法　　　　　D. 干涉法

3.下列描述中,不属于表面粗糙度对零件性能的影响的是(　　)。

A. 配合性能　　　　B. 韧性　　　　　C. 抗腐蚀性　　　　D. 耐磨性

4.选择表面粗糙度评定参数值时,下列论述正确的是(　　)。

A. 同一零件上工作表面应比非工作表面参数值大

B. 摩擦表面应比非摩擦表面的参数值大

C. 配合质量要求高的表面,参数值应大

D. 受交变载荷作用的表面,参数值应大

二、简答题

1.表面粗糙度轮廓对零件的使用有哪些影响?

2.解释如图 4-23 所示表面粗糙度代号的含义。

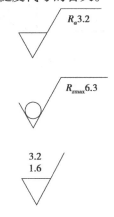

图 4-23

3.解释如图 4-24 所示形位公差代号和表面粗糙度代号的含义。

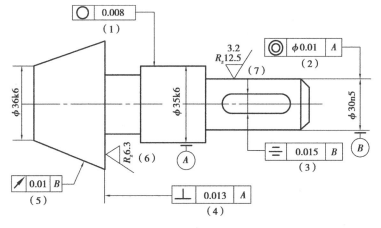

图 4-24

三、综合题

根据下列技术要求,将代号标注在图 4-25 中。

零件所有表面都是用去除材料的方法获得的,ϕ45h6 外圆柱表面粗糙度 R_a 的上限值为 6.3 μm,R_z 的上限值为 12.5 μm;ϕ20H7 内孔表面轮廓粗糙度 R 的最大高度为 3.2 μm。

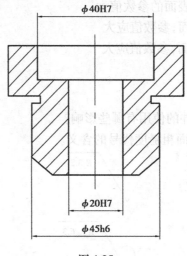

图 4-25

第五章　技术测量基础

在机械制造中,不仅需要对零件的几何参数规定合理的公差,还要在零件加工中进行正确测量或检验。只有测量或检验合格的零件,才具有互换性。

技术测量就是对零件的几何参数进行测量或检验。测量就是通过对被测量与标准量(计算单位)进行比较,确定被测量的量值,如用游标卡尺(即标准量)测量孔的直径(即被测量)。检验就是确定被测量是否在规定的极限范围内,判断零件是否合格,而不需要得出具体的量值。

技术测量的基本要求是:合理选用测量器具和测量方法,保证测量精度,实现高效率、低成本测量,积极采取预防措施,避免产生废品。

第一节　技术测量的基础知识

测量的几何参数包括长度、角度、几何公差和表面粗糙度。进行一次完整的测量,首先应明确测量对象,然后选择合理的测量器具,确定正确的测量方法,记录测量得到的数值,最后分析测量精度。

一、长度单位

国际单位制中的基本长度单位是米(m),机械制造业中通常以毫米(mm)为计量长度单位,在技术测量中还常用到微米(μm)。三者的换算关系如下:

1 m = 1 000 mm; 1 mm = 1 000 μm

二、测量器具的分类

根据特点和结构的不同,测量器具可分为标准量具和通用量具(量仪)两大类。

①标准量具测量中用作标准的量具,包括量块、角度量块等。

②通用量具(量仪)有刻度,能测量一定范围内的任一值。确定被测工件的具体数值的量具(量仪)一般分为以下几种:

a. 固定刻线量具：如钢直尺等；

b. 游标量具：如游标卡尺等；

c. 螺旋测微量具：如外径千分尺等；

d. 机械式量仪：如百分表等；

e. 光学量仪：如光学比较仪等；

f. 气动量仪：如水柱式气动量仪等；

g. 电动量仪：如光电式量仪等。

三、测量器具的技术参数

测量器具的技术参数是选择和使用器具的依据。

1. 分度值

分度值是测量器具刻度尺或刻度盘上最小一格所代表的量值，表盘上的分度值是 1 μm。一般来说，分度值越小，测量器具的精度越高。

2. 测量范围

测量范围指测量器具所能测量尺寸的最大值和最小值，仪器的测量范围是 0 ~ 180 mm。

3. 示值范围

示值范围是指测量器具刻度尺或刻度盘上全部刻度所代表的范围，标尺的示值范围是 −15 ~ +15 μm。有些测量器具的测量范围和示值范围是相同的，如游标卡尺和外径千分尺。

4. 示值误差

示值误差是指测量器具的指示值与被测尺寸真实值之差。示值误差是由器具本身的因素造成的，可通过校验测得。

5. 校正值

为消除示值误差引起的测量误差，通常在测量结果中加入一个与示值误差符号相反的量值，这个量值称为校正值。

6. 灵敏度

灵敏度是测量器具对被测量物的微小变化的反应能力。一般来说，测量器具的分度值越小，灵敏度越高。

第二节 常用长度量具与量仪

一、量块

量块又称块规,是无刻度的端面量具,除用作工作基准外,还可用来检定、校对和调整量具、量仪,也可直接测量工件。常用量块是长方体,如图5-1所示。其上有两个平行的测量面和四个非测量面,量块测量面极光滑、平整且具有研合性。

研合性是指量块的一个测量面与另一量块的测量面或另一经精密加工的类似的平面,通过分子吸力作用而黏合的性能。利用量块的这一性能,可将量块的测量面用较小压力推合,就能贴附在一起。

量块按制造精度分级。量块制造精度是指两测量面的尺寸精度和平行度。根据《几何量技术规范(GPS)长度标准量块》(GB/T 6093—2001)的规定,将量块分为0级、1级、2级、3级和K级共5级,0级精度最高,3级最低,K级为校准级。按级使用量块是用量块的标称长度尺寸。

量块按检定精度分等,我国规定将量块分成1等、2等、3等、4等、5等和6等。1等精度最高,其余依次降低。按等实用量块是用量块的实际长度尺寸。所以,在测量中按等实用量块比按级实用量块要精确一些,但计算较麻烦。

量块按"级"使用时,以标称长度作为工作尺寸,该尺寸包含了量块的制造误差。

量块按"等"使用时,以检定后所给出的实际尺寸作为工作尺寸,该尺寸仅包含检定时较小的测量误差。

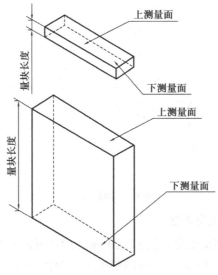

图5-1 量块的外形和结构

由于量块具有研合性,为满足生产中的不同要求,可将量块组合使用。为减少量块的累积误差,应力求所用块数最少,通常不应多于 4 块。为了迅速选择量块,应从所给尺寸的最后一个数字开始考虑,每选取一块,应使尺寸的位数减少一位,照此逐一选取。例如,从 91 块一套的量块中选取量块组成 38.935 mm 的尺寸,其结果为 1.005 mm、1.43 mm、6.5 mm、30 mm 共 4 块。

为了扩大量块的应用范围,可采用量块附件。量块附件中主要是夹持器和各种量爪,如图 5-2 所示。量块及其附件装配好后,可用于测量外径、内径或精密划线。

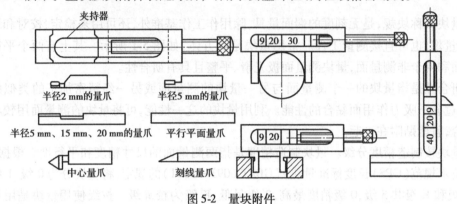

图 5-2　量块附件

二、游标量具

游标量具是应用较为广泛的通用量具,具有结构简单、使用方便、测量范围大等特点。游标量具是利用游标原理进行读数的,常用的游标量具有:游标卡尺、高度游标尺、深度游标尺等。下面介绍游标卡尺。

1. 游标卡尺的结构

游标卡尺的结构如图 5-3 所示,它主要由主尺和游标组成。游标卡尺上端的内测量爪可以测量孔尺寸等内表面尺寸,下端的外测量爪可以测量轴尺寸、长度等外表面尺寸。

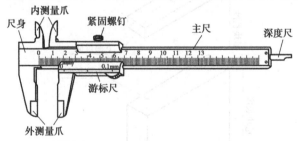

图 5-3　游标卡尺

2. 游标卡尺的读数原理与方法

游标卡尺的分度值(测量精度)分为 0.10 mm、0.02 mm、0.05 mm 三种,其中0.02 mm的游标卡尺应用广泛。本书以 0.02 mm 的游标卡尺为例,介绍游标卡尺的读数原理。主尺的每格宽度为 1 mm,当主尺与游标零线对齐时,游标上有 50 格,其长度正好等于主尺上的 49 mm，因此游标的每格宽度为 0.98 mm（49/50 = 0.98 mm）。这样，主尺与游标每格宽度相差 1 − 0.98 = 0.02 mm，因此游标卡尺的分度值是 0.02 mm。

游标卡尺的读数可以分为三步：

①先读整数。在主尺上读出位千游标零线左边的刻线数值，其为测得尺寸的整数部分。

②再读小数。找出与主尺刻线对齐的游标刻线，该刻线所代表的格数 n 与 0.02（分度值）的乘积为测得尺寸的小数部分。

③整合结果。把整数部分与小数部分相加，即为测量所得的尺寸。

3. 游标卡尺的使用

游标卡尺是一种中等精度的量具，常用于中等精度的测量和检验。使用前，将卡尺的测量爪合拢，观察测量爪末端的两刃口之间是否严密，然后检查游标的零线是否与主尺零线对齐；最后观察游标在尺身的滑动是否灵活自如。测量时，右手握住游标卡尺，大拇指推动游标，使待测零件处于两测量爪之间。当零件与测量爪紧紧相贴，保持测量面与被测直径垂直或与被测面平行接触，即可进行读数。

三、螺旋测微量具

螺旋测微量具是一种较为精密的量具，是利用精密螺旋副进行测量和读数的。螺旋测微量具的结构形式多样，常用的螺旋测微量具有外径千分尺、内径千分尺、深度千分尺等。本书仅介绍应用最为广泛的外径千分尺。

1. 外径千分尺的结构

常用的外径千分尺如图 5-4 所示。它主要由尺架、测微装置、测力装置和锁紧装置等组成。尺架的一端装有固定量砧，另一端装有测微螺杆，尺架的两侧面上覆盖绝热板，防止使用时手的温度影响外径千分尺的精度。测微装置由带刻度的固定量砧、带刻度的微分筒及测微螺杆紧密配合，组成高精度的螺旋副结构。转动测力装置时，测微螺杆和微分筒随之转动。当测微螺杆接触到零件时，测力装置发出"咔咔"的声音。锁紧装置可以将测微螺杆和微分筒锁定不动。

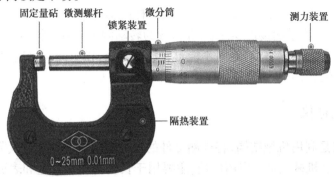

图 5-4 外径千分尺的结构

2.外径千分尺的读数原理与方法

外径千分尺的分度值是 0.01 mm。当微分筒旋转一周,带动测微螺杆沿固定套筒轴向移动 0.5 mm,微分筒上的刻度是 50 格,即微分筒上转过一格,测微螺杆沿固定套筒轴向移动 0.5/50 = 0.01 mm。外径千分尺的分度值为 0.01,即精确到百分之一,由于在读数时可以估读到千分位,所以习惯称之为千分尺。

用外径千分尺进行测量时,其读数步骤为以下三步。

①读整数:微分筒端面是读整数值的基准。读整数时,看微分筒端面左边固定套筒上露出的刻线的数值,该数值就是整数值。

②读小数:固定套筒上的基线是读小数的基准。读小数时,看微分筒上是哪一根刻线与基线重合。如果固定套筒上的 0.5 mm 刻线没露出来,那么微分筒上与基线重合的那根线的数目即所求的小数。如果 0.5 mm 刻线已露出来,那么从微分筒上读得的数加上 0.5 mm 后,才是小数。

当微分筒上没有任何一根刻线与基线恰好重合时,应该估读到小数点后第三位。

③整合读数:将上面两次读数值相加,就是被测件的整个读数值。

如图 5-5 所示为外径千分尺的示数实例,读数为:(a)10 mm + 0.25 mm = 10.25 mm;(b)10.5 mm + 0.26 mm = 10.76 mm。

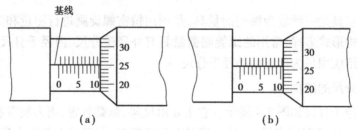

图 5-5　外径千分尺的示数

3.外径千分尺的使用方法

外径千分尺是一种测量精度较高的通用量具,用来测量零件的各种外形尺寸。使用前,应先检查微分筒零线是否与固定套筒的基准中线对齐,如有零位偏差,应进行调整或在测量结果中予以修正。测量时,应保持测微螺杆的轴线垂直于零件被测表面。转动微分筒,待测微螺杆的测量面接近零件表面时,改为转动测力装置,听到"咔咔"声即停止转动,以控制测量力的大小。此时绝对不能再转动微分筒,以免测量力过大损坏螺纹传动。读数时扳动锁紧装置,可以固定微分筒位置以防止尺寸变动。

四、机械式量仪

机械式量仪是利用机械结构,将被测工件的尺寸数值放大并通过读数装置表示出来的一种测量器具。机械式量仪应用广泛,主要用于长度的相对测量和表面几何误差的测量等。根据配入结构和用途不同,机械式量仪主要分为百分表、内径百分表、杠杆百分表等。下面介绍百分表和内径百分表。

1. 百分表

百分表是应用最广的机械量仪,其结构如图 5-6 所示。它主要由表体部分、传动系统、测量读数装置组成。当测量杆上下移动时,通过百分表内部的齿轮传动装置,将其微小位移放大并转变为指针的偏转,并在刻度盘上显示相应的示值。刻度盘可以转动,便于相对测量时指针与零刻度线对齐,即调零。

百分表的分度值是 0.01 mm。测量杆移动 1 mm 时,大指针沿大刻度盘转过一圈,大刻度盘上共有 100 个等分格,即当指针偏转一格,测量杆移动的距离为 $1/100 = 0.01$ mm。

百分表的读数方法:在小刻度盘上读出小指针的示值为整数,在大刻度盘上读出大指针的示值为小数,两个数值相加就是被测尺寸。

百分表主要用于测量长度尺寸、几何误差,检验机床几何精度等,是机械加工中不可缺少的量具。使用前,应先检查测量杆移动的灵活性,指针的平稳性和稳定性等。测量时百分表可装在相应的表座上,测量头与被测表面接触时应预先压缩 0.3 ~ 1 mm,以保持一定的初始测力。测量平面时,测量杆与被测零件表面垂直;测量圆柱形零件时,测量杆的轴线应与零件直径方向一致并垂直于零件的轴线。

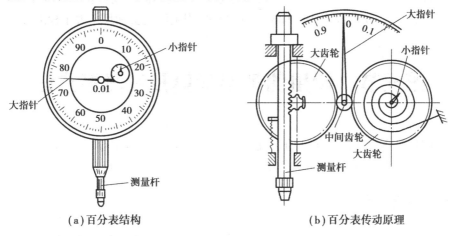

(a) 百分表结构　　　　　　　　(b) 百分表传动原理

图 5-6　百分表

工厂在生产过程中还经常使用一种精度为 0.001 mm 的千分表,其结构和使用方法与百分表相似,主要用于测量精度更高的零件。

2. 内径百分表

内径百分表是用于测量深孔的百分表,它由百分表和表架等组成,结构如图 5-7 所示。

百分表的测量杆与传动杆始终接触,并经杠杆向外顶着活动测头。测量时,活动测头的移动经杠杆传动后推动百分表的测量杆,使百分表指针偏转。当活动测头移动 1 mm 时,推动百分表指针偏转一圈,因此百分表的指示数值即为活动测头的移动量。

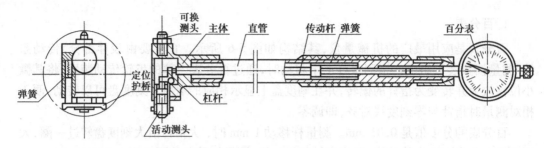

图 5-7　内径百分表

内径百分表中的定位护桥起着正直径位置的作用,它保证了活动测头和可换测头的轴线位于被测孔的直径位置。

内径百分表是采用相对测量法测量孔径的。测量前,根据被测孔的尺寸选择相应的可换测头,并用千分尺调整百分表的零位(标准尺寸)。测量中,在孔的轴线方向微微摆动直杆,百分表的指针随之偏转,指针转折点的指示值即为被测孔实际尺寸与标准尺寸的偏差。所以,被测孔实际尺寸等于标准尺寸与百分表偏差的代数和。当指针正好指在零刻度线上,说明偏差为零,被测孔实际尺寸与标准尺寸相等;当指针位于零刻度线的顺时针方向,表示被测孔实际尺寸小于标准尺寸,反之,则被测孔实际尺寸大于标准尺寸。

第三节　常用的角度量具及其测量方法

角度测量是零件几何量测量的组成部分之一,在图样上常用度(°)和分(′)表示,它们的换算关系为 1° = 60′。常用的角度量具有万能角度尺和正弦规。

一、万能角度尺

万能角度尺是测量零件内、外角度的量具,测量范围为 0° ~ 320°,根据分度值的不同分为 2′ 和 5′ 两种,本书仅介绍分度值为 2′ 的万能角度尺。

如图 5-8 所示,万能角度尺由刻有角度刻线的主尺和固定在扇形板上的游标等组成。游标和扇形板可以在主尺上回转运动,形成和游标卡尺相似的结构。直角尺与扇形板、直尺和直角尺分别通过两个支架固定。

万能角度尺是根据游标原理制成的。主尺的每格为 1°,游标的总弧长对应的圆心角为 29°,游标上等分为 30 格,即每格的夹角是 29°/30 = 58′,因此主尺与游标之间每一小格之差为 1° − 58′ = 2′,即万能角度尺的分度值为 2′。万能角度尺的读数方法和游标卡尺相似,先从主尺上读出游标零刻度线前的整数,即"度"的数值;再从游标上读出小数,即"分"的数值,两者相加就是被测角度的数值。万能角度尺的直角尺和直尺可以移动和拆换,从而测量 0° ~ 320° 的不同数值。

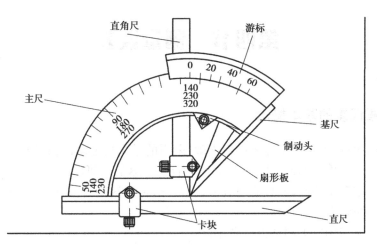

图 5-8　万能角度尺

二、正弦规

正弦规是测量锥角的常用量具。

使用正弦规测量圆锥体的锥角 α 时，应先使用公式 $h = L * \sin \alpha$，计算出量块组的高度，测量方法如图 5-9 所示。如果测量角正好等于锥角，则指针在 a、b 两点的指示值相同；如果被测锥角有误差 ΔK，则 a、b 两点间必有差值 n，n 与被测长度的比值就是锥角误差，即 $\Delta K = \dfrac{n}{L}$。

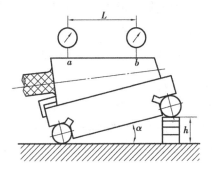

图 5-9　用正弦规测量锥角

第四节　测量误差

一、测量误差的基本概念

任何测量过程,无论测量方法如何正确,采用的量具精度多高,其测得值都不可能是被测要素的几何真值。即使在同一条件下,对同一要素的几何量进行连续多次测量,测得的结果也不一定完全相同,而只能与真值近似。这种测量值与被测几何量的几何真值间的差值称为测量误差。

测量误差常采用以下两种指标来评定。

1. 绝对误差(δ)

绝对误差(δ)是测量值(x)与被测量(约定)真值(x_0)之差,即

$$\delta = x - x_0$$

由于测量值 x 可能大于或小于真值 x_0,所以绝对误差 δ 可能是正值也可能是负值,即

$$x_0 = x \pm \delta$$

上式说明绝对误差的大小决定了测量的精确程度。误差越小,测量的精度越高,反之,测量的精度越低。

2. 相对误差(f)

相对误差(f)是绝对误差与被测量真值之比。由于真值是未知的,因此相对误差又可以近似的用绝对误差与测量值之比表示,即

$$f = \frac{|\delta|}{x_0} \times 100\% \approx \frac{|\delta|}{x} \times 100\%$$

相对误差是一个没有单位的数值,通常用百分数(%)表示。

绝对误差可以直观反映测量精度,但当被测要素的几何量不同时,则采用相对误差来评定测量精度。例如,有两个测量值 $x_1 = 1\,000$ mm,$x_2 = 100$ mm,两者测量的绝对误差分别为 $\delta_1 = 0.05$ mm,$\delta_2 = 0.01$ mm。此时用绝对误差无法评定测量精度,可用相对误差来评定:

$$f_1 = \frac{0.05}{1\,000} \times 100\% = 0.005\%$$

$$f_2 = \frac{0.01}{100} \times 100\% = 0.01\%$$

显然前者的测量精度更高。

二、测量误差产生的原因

在实际测量中,产生测量误差的原因很多,归纳起来主要有以下几种原因产生的测量

误差。

1. 测量器具引起的误差

任何测量器具在设计、制造和使用中都不可避免会产生误差,这些误差综合反映在测量器具的示值误差和测量时示值的变化上,从而直接影响测量精度。

2. 测量方法误差

测量方法误差是指采用的方法不当或测量方法不完善引起的误差。例如,在接触测量中,测量力引起测量器具和被测零件表面变形而产生的误差。

3. 环境误差

环境误差是由于测量环境不符合规定引起的误差。测量环境包括温度、湿度、气压、振动等因素,其中以温度的影响最大。

4. 人员误差

人员误差是指测量人员主观因素和操作技术引起的误差。例如,测量人员使用器具不正确、估读判断错误等引起的误差。

总之,产生误差的因素很多,有些误差是不可避免的,但有些是可以避免的。因此,测量者应对一些可能产生测量误差的原因进行分析,掌握其影响规律,设法消除或减小其对测量结果的影响,保证测量精度。

三、测量误差的分类

根据测量误差的特点和性质,可将测量误差分为系统误差、随机误差和粗大误差三类。

1. 系统误差

系统误差是指在相同的测量条件下多次测量同一值时,误差的大小和符号保持恒定,例如使用外径千分尺测量时器具的示值误差;或者误差的大小和符号按一定规律变化,例如在长度测量中温度变化引起的测量误差等。根据系统误差的性质和变化规律,可以通过一定的方法找到修正值,从测量结果中将系统误差消除。

2. 随机误差

随机误差是指在相同条件下多次测量同一值时,误差的大小和符号以不可预定的方式变化的测量误差。所谓随机,是指在单次测量中误差的出现是无规律可循的,但若多次重复测量,误差服从统计规律。随机误差主要是由一些随机因素(如测量力的不稳定等)引起的。

3. 粗大误差

粗大误差是指明显超出规定条件下预期的误差,即明显歪曲测量结果的误差。例如,工作上的疏忽造成的读数误差,外界突然振动引起的测量误差。在处理测量数据时,应该剔除粗大误差。

四、测量器具的选择

选择测量器具的原则是在保证测量精度的前提下,考虑测量器具的技术指标和经济指标,主要有以下两点要求。

①根据被测零件的部位、外形及尺寸选择测量器具,所选择的测量器具的测量范围能满足零件生产要求。

②根据被测零件的公差选择测量器具。测量器具的精度应该与被测零件的公差等级相适应。被测零件的公差等级越高,公差值越小,则对所选用测量器具的精度要求越高,反之亦然。但是无论选择何种测量器具,由于测量器具的内在误差、测量条件、工件形状误差等不确定因素,测量结果都存在误差。

在测量或检验过程中,真实尺寸位于公差带内,但接近极限偏差的合格工件,可能因测得的实际尺寸超出公差带而被误判为废品,这种现象称为误废。

真实尺寸超出公差带范围但接近极限偏差的不合格工件,可能因测得的实际尺寸在公差带内而被误判为合格品,这种现象称为误收。

为了防止测量时将废品判断为合格品而误收,保证零件的质量,国家标准规定:验收极限从规定的极限尺寸向零件公差带内移动安全裕度 A,如图 5-10 所示。所谓安全裕度 A,即从规定的最大实体尺寸和最小实体尺寸分别向工件的公差带内移动一个尺寸值。

根据这一原则,建立了在规定尺寸极限基础上内缩的验收规则。

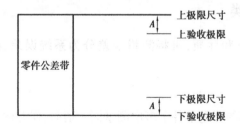

图 5-10　验收极限与公差的关系

第五节　测量器具的检定、维护与保养

一、测量器具的检定

1. 测量器具检定的意义

任何测量器具都有误差,并且这些误差随测量器具的使用而逐渐增大。因此,必须对测量器具进行定期检定,以确定测量器具指示数值的误差是否在允许的范围内,并确定其是否合格。

2. 检定规程

作为检定依据的国家法定技术文件称为检定规程。检定规程的内容包括：检定规程的适用范围、测量器具的计量性能、检定项目、检定条件、检定周期以及检定结果的处理等。

二、测量器具的维护与保养

①测量前应将测量器具的工作表面和被测表面擦拭干净，以免因污渍存在而影响测量精度。不能用精密测量器具测量粗糙的铸锻毛坯或带有研磨剂的零件表面。

②温度对测量器具的影响很大，精密量仪应放在恒温室内，维持室温在 20 ℃左右，且相对湿度不超过 60%。测量器具不要放在热源附近，以免其受热变形而失去精度。

③不要把测量器具放在磁场附近，以免测量器具磁化。

④测量器具不能作为其他工具使用。例如，不能把外径千分尺当作小榔头使用，不能用游标卡尺画线等。

⑤测量器具在使用过程中不能与刀具堆放在一起，以免被碰伤；也不能随便放在机床上，以免因机床振动而损坏。

⑥测量器具应经常保持清洁，使用后及时擦拭干净，涂上防锈油，放在专用盒子里，存放在干燥的地方。

⑦测量器具应定期送计量室检定，以免其指示数值的误差超出允许的范围而影响测量结果。

本章小结

本章主要介绍技术测量的基础知识，常用测量器具及其使用方法。同学们学习本章的关键是充分利用实验等进行综合训练，自己多动手、多练习、多思考。对一些简单的被测值，如长度或宽度、孔或轴的直径等，大家能够选用适当的测量器具正确进行测量、读数，并记录测量结果。为加强学习兴趣，大家还可以用不同精度的测量器具测量同一物品的尺寸，如测量自己的头发等。

复习与思考

一、选择题

1. 下列测量器具中,测量精度最高的是(　　)。

A. 钢直尺　　　　　B. 游标卡尺　　　　　C. 米尺　　　　　D. 外径千分尺

2. 0.02 mm 的游标卡尺的游标刻线间距是(　　)。

A. 0.02 mm　　　　B. 0.98 mm　　　　　C. 1 mm　　　　　D. 2 mm

3. 下列属于螺旋测微量具的是(　　)。

A. 量块　　　　　　B. 游标卡尺　　　　　C. 钢直尺　　　　D. 外径千分尺

4. 下列测量中属于间接测量的是(　　)。

A. 用外径千分尺测外径

B. 用内径百分表测内径

C. 用游标卡尺测量两孔中心距

D. 用光学比较仪测外径

5. 测量一轴 $\phi30f7\left(^{-0.025}_{-0.046}\right)$,可选择测量器具(　　)。

A. 游标卡尺　　　　B. 卡钳　　　　　　C. 量块　　　　　D. 外径千分尺

6. 可用来测量外螺纹中径的测量工具是(　　)。

A. 外径千分尺　　　B. 游标卡尺　　　　C. 万能角度尺　　D. 内径百分表

二、简答题

1. 以精度为 0.10 mm 的游标卡尺为例,简述游标卡尺的读数方法。

2. 用螺旋测微器测量某一物体厚度时,示数如图 5-11 所示,读数是_____mm。用游标卡尺可以测量某些工件的外径,测量时示数如图 5-12 所示,则读数为_____mm。

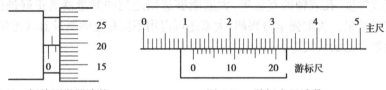

图 5-11　螺旋测微器读数　　　　　　图 5-12　游标卡尺读数

3. 简述外径千分尺的刻线原理。

第六章 尺寸链

第一节 尺寸链的基本概念

在机械制造的产品设计、工艺规程设计、零部件的加工和装配、技术测量等工作中,通常要进行尺寸链的分析和计算。应用尺寸链理论,可以经济合理地确定构成机器、仪器的有关零件、部件的几何精度,以利于实现产品的高质量、低成本和高生产率。分析计算尺寸链要遵循国家标准《尺寸链计算方法》(GB 5847—2004)。

一、尺寸链的定义及相关术语

1.尺寸链的定义

在机器装配或零件加工过程中,由相互连接的尺寸形成的封闭的尺寸组称为尺寸链,如图 6-1 为装配尺寸链,如图 6-2 为零件尺寸链。尺寸链具有封闭性和制约性,即尺寸链必须由一系列相互连接的尺寸排列成封闭的形式,尺寸链中某一尺寸的变化将影响其他尺寸的变化,各尺寸相互联系、相互影响。

2.尺寸链的相关术语

(1)环

列入尺寸链中的每一个尺寸称为环。如图 6-1 中的 L_0、L_1、L_2、L_3、L_4、L_5,如图 6-2 中的 L_0、L_1、L_2。

(2)封闭环

封闭环是尺寸链中,在装配过程或加工过程中最后形成的一环,封闭环一般用加下角标"0"的字母表示,如图 6-1 中的 L_0 和如图 6-2 中的 L_0。

在装配尺寸链中,封闭环是装配过程中自然形成的尺寸,它是决定机器或部件的装配精度(位置精度、距离精度、装配间隙和过盈等)的参数。

在零件尺寸链中,封闭环的形成主要取决于加工顺序。封闭环必须在零件加工顺序确定之后才能判断。加工顺序改变,封闭环也随之改变。

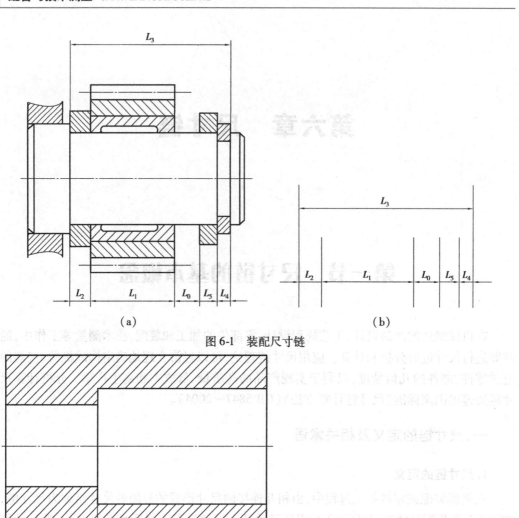

图 6-1 装配尺寸链

图 6-2 零件尺寸链

（3）组成环

组成环是尺寸链中对封闭环有影响的全部环,这些环中任一环的变动必然引起封闭环的变动。组成环一般用加下角标(除"0"以外的阿拉伯数字)的字母表示。如图 6-1 中的尺寸 L_0、L_1、L_2、L_3、L_4、L_5 和如图 6-2 中的尺寸 L_1、L_2。

按组成环的变化对封闭环影响的不同,组成环可分为增环、减环和补偿环。

①增环。

增环是尺寸链中的组成环,该环的变动会引起封闭环同向变动。同向变动指该环增大时封闭环随之增大,该环减小时封闭环随之减小。增环如图 6-1 中的尺寸 L_3 和如图6-2

中的尺寸L_1。

②减环。

减环是尺寸链中的组成环,该环的变动会引起封闭环反向变动。反向变动指该环增大时封闭环减小,该环减小时封闭环增大。减环如图 6-1 中的尺寸L_1、L_2、L_4、L_5 和如图 6-2 中的尺寸L_2。

③补偿环。

补偿环是尺寸链中预先选定的某一组成环。可以改变其大小和位置,使其发挥补偿作用,使封闭环达到规定的要求,如图 6-3 中的尺寸L_2。

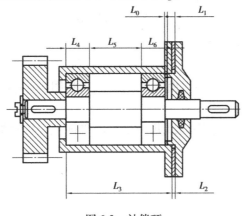

图 6-3　补偿环

(4)传递系数

传递系数是表示各组成环对封闭环影响大小的系数。设第 i 个组成环的传递系数为 ξ_i,对于增环,ξ_i 为正值;对于减环,ξ_i 为负值。如图 6-2 所示的尺寸链,$L_0 = L_1 - L_2$, $\xi_1 = +1$, $\xi_2 = -1$。

二、尺寸链的分类

通常,尺寸链按以下特征分类。

1.按应用范围分类

(1)装配尺寸链

装配尺寸链是全部组成环由不同零件设计尺寸形成的尺寸链,如图 6-1 所示。这种尺寸链用于确定组成机器的零件有关尺寸的精度关系。

(2)零件尺寸链

零件尺寸链是全部组成环由同一零件设计尺寸形成的尺寸链,如图 6-2 所示。这种尺寸链用于确定同一零件上各尺寸的联系。

(3)工艺尺寸链

工艺尺寸链是全部组成环由同一零件工艺尺寸形成的尺寸链,如图 6-4 所示。

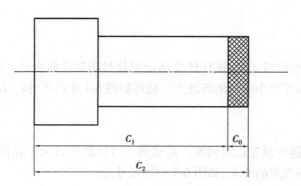

图6-4 工艺尺寸链

2. 按各环的空间位置分类

（1）直线尺寸链

这种尺寸链各环都位于同一平面内且彼此平行，如图6-1所示。

（2）平面尺寸链

这种尺寸链各环位于一个平面或几个平行的平面上，且有的环不是平行排列，如图6-5所示。

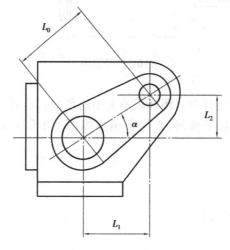

图6-5 平面尺寸链

（3）空间尺寸链

空间尺寸链是组成环位于几个不平行平面内的尺寸链。空间尺寸链和平面尺寸链可用投影法分解为直线尺寸链，然后按直线尺寸链分析计算。例如，如图6-5所示的平面尺寸链可用投影法分解为直线尺寸链，得：$L_0 = L_1 \sin \alpha + L_2 \cos \alpha$，其中，$\sin \alpha = \xi_1$，$\cos \alpha = \xi_2$，$\xi_1$、$\xi_2$分别表示组成环$L_1$和$L_2$对封闭环$L_0$的传递系数。

3. 按几何特征分类

（1）长度尺寸链

这是全部环为长度尺寸的尺寸链，如图6-1～图6-5皆为长度尺寸链。

（2）角度尺寸链

这是全部环为角度尺寸的尺寸链。构成尺寸链的各环为角度量或平行度、垂直度等，如图6-6所示。

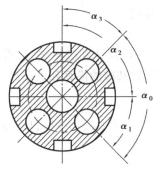

图6-6　角度尺寸链

三、尺寸链的作用

对尺寸链的分析计算，主要解决以下问题。

1. 分析结构设计的合理性

在机械设计中，通过对各种方案装配尺寸链的分析比较，可确定最佳结构。

2. 合理分配公差

按封闭环的公差与极限偏差，合理地分配各组成环的公差与极限偏差。

3. 检校图样

可对尺寸链作分析计算，检查、校核零件图上的尺寸、公差与极限偏差是否正确合理。

4. 基面换算

当按零件图样标注不便加工和测量时，可按尺寸链进行基面换算。

5. 工序尺寸计算

根据零件封闭环和部分组成环的公称尺寸及极限偏差，确定某一组成环的公称尺寸及极限偏差。

四、尺寸链计算的类型和方法

尺寸链的计算是指计算尺寸链中各环的公称尺寸和极限偏差。

1. 计算类型

（1）正计算

已知各组成环的公称尺寸和极限偏差，求封闭环的公称尺寸和极限偏差。正计算常用于验证设计的正确性。

（2）反计算

已知封闭环的公称尺寸和极限偏差及各组成环的公称尺寸，求各组成环的极限偏差。反计算常用于设计机器或零件时，合理确定各部件或零件上各有关尺寸的极限偏差。即根据设计的精度要求，进行公差分配。

（3）中间计算

已知封闭环和部分组成环的公称尺寸和极限偏差，求某一组成环的公称尺寸和极限偏差。中间计算常用于工艺设计，如基准的换算和工序尺寸的确定等。

2. 尺寸链的计算方法

尺寸链的计算方法有完全互换法和大数互换法，在本章第二、第三节详细阐述。

第二节　完全互换法解尺寸链

在全部产品中，装配时各组成环不需挑选或改变其大小或位置，装入后即能达到封闭环的公差要求的方法称为完全互换法（也称极值互换法）。这种方法是按极限尺寸来计算尺寸链的。

一、基本公式

1. 封闭环和组成环的基本公式

（1）封闭环公称尺寸计算式

$$L_0 = \sum_{i=1}^{m} \xi_i L_i$$

式中

L_0——封闭环公称尺寸；

L_i——组成环公称尺寸；

m——组成环数；

ξ_i——传递系数，对于增环，ξ_i取正值；对于减环，ξ_i取负值。

（2）封闭环极值公差计算式

$$T_{0L} = \sum_{i=1}^{m} |\xi_i| T_i$$

式中

T_{0L}——封闭环极值公差；

T_i——组成环公差；

ξ_i——传递系数；

m——组成环数。

（3）组成环平均极值公差计算式

组成环平均极值公差应用于反计算中，即根据设计的精度要求进行组成环公差分配。

$$T_{av,L} = \frac{T_0}{\sum_{i=1}^{m} |\xi_i|}$$

式中

T_0——给定封闭环公差；

$T_{av,L}$——组成环平均极值公差；

ξ_i——传递系数；

m——组成环数。

2. 对直线尺寸链的计算

当需计算的尺寸链属于直线尺寸链时，对于增环，传递系数$\xi_i = +1$；对于减环，传递系数 $\xi_{ii} = -1$。由封闭环公称尺寸和封闭环极值公差可推导出以下尺寸计算式。

（1）封闭环公称尺寸的计算式

封闭环公称尺寸（$L_{0\text{直}}$）等于所有增环公称尺寸（L_z）之和减去所有减环公称尺寸（L_j）之和。设 m 为组成环数，n 为增环数，则

$$L_{0\text{直}} = \sum_{i=1}^{m} L_z - \sum_{j=n+1}^{m} L_j$$

（2）封闭环极限尺寸的计算式

封闭环的上极限尺寸（$L_{0\max\text{直}}$）等于增环上极限尺寸（$L_{z\max}$）之和减去减环下极限尺寸（$L_{j\min}$）之和；封闭环的下极限尺寸（$L_{0\min\text{直}}$）等于增环下极限尺寸（$L_{z\min}$）之和减去减环上极限尺寸（$L_{j\max}$）之和，即

$$L_{0\max\text{直}} = \sum L_{z\max} - \sum L_{j\min}$$

$$L_{0\min\text{直}} = \sum L_{z\min} - \sum L_{j\max}$$

（3）封闭环极限偏差的计算式

封闭环的上极限偏差（ES_0）等于增环的上极限偏差（ES_z）之和减去减环的下极限偏差（EI_j）之和；封闭环的下极限偏差（EI_0）等于增环的下极限偏差（EI_z）之和减去减环的上极限偏差（ES_j）之和，即

$$ES_0 = \sum_{i=1}^{n} ES_z - \sum_{j=n+1}^{n} EI_j$$

$$EI_0 = \sum_{i=1}^{n} EI_z - \sum_{j=n+1}^{n} ES_j$$

（4）封闭环极值公差的计算式

对直线尺寸链$|\xi_i|=1$，由封闭环极值公差计算式得出封闭环极值公差计算式，封闭环极值公差（T_0）等于各组成环公差（T_i）之和，即

$$T_{0L\text{直}} = \sum_{i=1}^{m} T_i$$

由封闭环极值公差值可知，为了提高尺寸链封闭环的精度，即缩小封闭环公差，可通过两个途径：一是缩小组成环公差（T_i）；二是减少尺寸链组成环数（m）。前者将使制造成

本提高,因此,设计主要从后者采取措施,即结构设计应遵守"最短尺寸链"原则。

二、解尺寸链

1. 正计算(校核计算)

【例1】如图 6-7 所示为一齿轮箱部件及尺寸链,根据设计要求,齿轮在转动时齿轮端面与挡圈的间隙为 1～1.6 mm。在设计时所确定的各环的公称尺寸及极限偏差为:$L_1 = 81^{+0.30}_0$,$L_2 = 60^0_{-0.20}$,$L_3 = 20^0_{-0.10}$,试验算该设计是否能保证所要求的间隙。

解:①绘制尺寸链图[如图 6-7(b)所示],该尺寸链属于直线尺寸链。

②确定封闭环 L_0。在装配中间隙是最后产生的,故间隙 1～1.6 mm 为封闭环 L_0。

③确定增环、减环。L_1 为增环,L_2、L_3 为减环。

④计算封闭环的公称尺寸、极限偏差。由封闭环公称尺寸、封闭环极限偏差的计算式得:

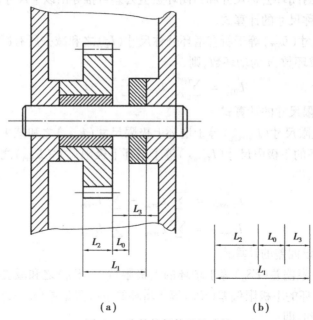

(a)   (b)

图 6-7 齿轮箱部件及尺寸链

封闭环的公称尺寸:$L_0 = L_1 - (L_2 + L_3) = 81 - (60 + 20) = 1$ mm

封闭环的极限偏差:

$$ES_0 = ES_1 - (EI_2 + EI_3) = 0.3 - (-0.2 - 0.1) = 0.6 \text{ mm}$$

$$EI_0 = EI_1 - (ES_2 + ES_3) = 0 - (0 + 0) = 0$$

封闭环的上极限尺寸和下极限尺寸分别为 1.6 mm 和 1 mm,满足间隙 1～1.6 mm 的要求。

⑤验算。

封闭环极值公差:$T_{0L直} = T_1 + T_2 + T_3 = 0.3 + 0.2 + 0.1 = 0.6$ mm

另一方面,由封闭环的极限偏差得:$T_{0L} = ES_0 - EI_0 = 0.6 - 0 = 0.6$ mm,计算结果一

致,表明无误。

2. 反计算(设计计算)

反计算就是根据设计的精度要求(给定的封闭环公差T_0)进行组成环公差分配,反计算采用等公差法。假定各组成环公差相等,由组成环平均极值公差得各组成环的平均极值公差:

$$T_{av,L} = \frac{T_0}{m}$$

计算得到组成环的平均极值公差后,再根据各环的公称尺寸大小、加工难易程度和功能要求等因素作适当调整,确定各组成环的公差,但应满足下式:

$$\sum_{i=1}^{m} T_i \leq T_0$$

确定各组成环公称尺寸的公差数值后,在决定各组成环公称尺寸的极限偏差时,应规定一环作为补偿环,其余组成环的公差带分布可按"单向入体原则"确定各组成环极限偏差,即内尺寸按基准孔的公差带,外尺寸按基准轴的公差带,长度尺寸按对称方式分布公差带。然后,由封闭环极值公差值求得协调环的极限偏差。

【例2】如图6-1(a)所示(见本书第88页)为一齿轮部件,轴是固定的,齿轮在轴上回转,齿轮端面与挡圈的间隙要求为0.10~0.35 mm。已知$L_1 = 30$ mm,$L_2 = L_5 = 5$ mm,$L_3 = 43$ mm,弹簧卡环宽$L_4 = 3$ mm(上偏差=0,下偏差=0.05 mm),试设计各组成环的公差和极限偏差。

解:①画尺寸链图,如图6-1(b)所示(见本书第88页)。

②查找封闭环、增环和减环。L_0为封闭环,由题意得:$ES_0 = 0.35$ mm,$EI_0 = 0.1$ mm,$T_0 = 0.25$ mm;L_3为增环,其传递系数$\xi = +1$;L_1、L_2、L_4、L_5为减环,其传递系数$\xi = -1$;

由封闭环公称尺寸计算式得:

$$L_0 = L_3 - (L_1 + L_2 + L_4 + L_5) = 43 - (30 + 5 + 3 + 5) = 0$$

③计算各组成环的公差与极限偏差。

由组成环平均极值公差计算式得

$$T_{av,L} = \frac{T_0}{m} = \frac{0.25}{5} = 0.05 \text{ mm}$$

根据各组成环的平均极值公差及公称尺寸,估计公差等级约为IT9级。按各组成环的公称尺寸及加工难易程度,调整各组成环公差为:$T_1 = T_3 = 0.06$ mm,$T_2 = T_5 = 0.04$ mm,已知弹簧卡环厚度$T_4 = 0.05$ mm。

将L_3作为补偿环,根据"单向入体原则",确定其余组成环极限偏差为:

$L_1 = 30_{-0.06}^{0}$ mm,$L_2 = 5_{-0.04}^{0}$ mm,$L_4 = 3_{-0.05}^{0}$ mm,$L_5 = 5_{-0.04}^{0}$ mm

由封闭环极限偏差的计算式得L_3的极限偏差:

$$ES_3 = ES_0 + (EI_1 + EI_2 + EI_4 + EI_5) = 0.35 + (-0.06 - 0.04 - 0.05 - 0.04) = 0.16 \text{ mm}$$

$$EI_3 = EI_0 + (ES_1 + ES_2 + ES_4 + ES_5) = 0.1 + 0 = 0.1 \text{ mm}$$

所以,$L_3 = 43_{+0.10}^{+0.16}$ mm

按 $\sum_{i=1}^{m} T_i \leqslant T_0$ 校核：

$\sum_{i=1}^{m} T_i = T_1 + T_2 + T_3 + T_4 + T_5 = 0.06 + 0.04 + 0.06 + 0.05 + 0.04 = 0.25 = T_0$，满足使用要求。

从上述用等公差法解尺寸链的过程得出，设计者对加工难易程度的判断，决定了各组成环公差等级的高低。

3. 中间计算

中间计算是反计算的一种特例。它一般用于基准换算和工序尺寸计算等工艺设计，在零件加工过程中，往往所选定位基准或测量基准与设计基准不重合，此时应根据工艺要求改变零件图的标注，进行基准换算，求出加工所需工序尺寸。

【例3】如图6-8(a)所示为键槽轴剖面图，加工顺序为：车外圆 $L_1 = \phi 70.5^{0}_{+0.10}$ mm，铣键槽深 L_2，磨外圆 $L_3 = \phi 70^{0}_{+0.046}$ mm，并保证键槽深 $L_0 = 62^{0}_{0.30}$ mm。试求铣键槽深 L_2。

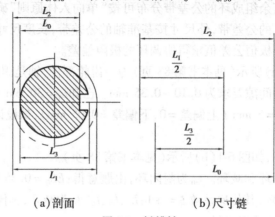

(a)剖面　　　　　　　(b)尺寸链

图6-8　键槽轴

解：①画尺寸链，如图6-8(b)所示。

②确定封闭环。轴上磨外圆后键槽深 L_0 是最后加工形成的，故 L_0 为封闭环。

③确定增环、减环。L_2、$\dfrac{L_3}{2}$ 是增环，$\dfrac{L_1}{2}$ 是减环。

④计算增环 L_2 的公称尺寸和极限偏差。

由

$$L_{0直} = \sum_{i=1}^{m} L_z - \sum_{j=n+1}^{m} L_j$$

得

$$L_0 = \left(L_2 + \frac{L_3}{2} \right) - \frac{L_1}{2}$$

因此，L_2 的公称尺寸为：

$$L_2 = L_0 - \frac{L_3}{2} + \frac{L_1}{2} = 62 - 35 + 35.25 = 62.25 \text{ mm}$$

由封闭环的极限偏差得 L_2 的极限偏差：

$$ES_0 = \left(ES_2 + \frac{ES_{L_3}}{2} \right) - \frac{EI_{L_1}}{2}$$

$$ES_2 = ES_0 - \frac{ES_{L_3}}{2} + \frac{EI_{L_1}}{2} = 0 - 0 + (-0.05) = -0.05 \text{ mm}$$

$$EI_0 = \left(EI_2 + \frac{EI_{L_3}}{2} \right) - \frac{ES_{L_1}}{2}$$

$$EI_2 = EI_0 - \frac{EI_{L_3}}{2} + \frac{ES_{L_1}}{2} = (-0.3) - (-0.023) + 0 = -0.277 \text{ mm}$$

⑤验算:

$$\sum_{i=1}^{m} T_i \leqslant T_0$$

$$\sum_{i=1}^{m} T_i = \frac{T_{L_1}}{2} + T_2 + \frac{T_{L_3}}{2} = 0.227 + 0.05 + 0.023 = 0.30 = T_0$$

验算结果表明以上计算正确。

完全互换法解尺寸链的优点是可以实现完全互换。它的缺点是反计算时使各组成环的公差很小,加工很不经济,故其合理的应用范围是环数较少且精度较低的尺寸链。

第三节 大数互换法解尺寸链

在绝大多数产品中,装配时各组成环不需要挑选或改变其尺寸或位置,装配后即能达到封闭环规定的公差要求的方法,称为大数互换法(也称概率互换法)。

生产实践和大量统计资料表明,一批零件加工后,所得实际尺寸均接近其极限尺寸的情况很少,而一批部件在装配(特别是对多环尺寸链)时,同一部件的各组成环恰好都接近其极值尺寸的就更为少见。在这种条件下,按完全互换法求算零件尺寸公差,显然是不合理的。而按大数互换法计算,在相同的封闭环公差条件下,可使各组成环公差扩大,从而获得良好的技术经济效果,比较科学、合理。

一、基本公式

大数互换法解尺寸链,公称尺寸的计算与完全互换法相同,不同的是公差和极限偏差的计算。

1.组成环和封闭环的相关基本公式

在大批量生产中,由于零件加工工序分散,一个零件工艺尺寸链中各组成环和封闭环可看成彼此独立的随机变量。对于装配尺寸链,其组成环是由各有关零件的加工尺寸或相对位置要求等决定的,其组成环和封闭环也可看成彼此独立的随机变量,尺寸按照一定的统计分布曲线分布。

（1）封闭环统计公差的计算式

封闭环统计公差（T_{0s}）与各组成环公差（T_i）的关系为

$$T_{0s} = \frac{1}{k_0} \sqrt{\sum_{i=1}^{m} \xi_i^2 k_i^2 T_i^2}$$

式中

k_0、k_i——封闭环和各组成环的相对分布系数；

ξ_i——尺寸链传递系数；

m——组成环数。

（2）封闭环中间偏差的计算式

封闭环中间偏差（Δ_0）的计算式为

$$\Delta_0 = \sum_{i=1}^{m} \xi_i \left(\Delta_i + e_i \frac{T_i}{2} \right)$$

式中

e_i——统计分布曲线的相对不对称系数；

Δ_i——组成环中间偏差，Δ_i =（上极限偏差＋下极限偏差）/2。

（3）组成环平均统计公差的计算式

组成环平均统计公差应用于反计算中，也就是根据设计的精度要求（即给定的封闭环公差T_0）进行组成环公差分配。

组成环平均统计公差（$T_{av,s}$）的计算式为

$$T_{av,s} = \frac{k_0 T_0}{\sqrt{\sum_{i=1}^{m} \xi_i^2 k_i^2}}$$

2. 直线尺寸链的相关计算

设直线尺寸链的组成环和封闭环均呈正态分布，有$e_0 = 0$，$k_0 = k_i = 1$，且增环ξ_i = +1，减环ξ_i = -1。

（1）直线尺寸链的封闭环统计公差的计算式

由

$$T_{0s} = \frac{1}{k_0} \sqrt{\sum_{i=1}^{m} \xi_i^2 k_i^2 T_i^2}$$

得直线尺寸链的封闭环统计公差（$T_{0s直}$）等于各组成环公差（T_i）平方和的平方根，即

$$T_{0s直} = \sqrt{\sum_{i=1}^{m} T_i^2}$$

（2）封闭环中间偏差的计算式

上极限偏差与下极限偏差的平均值称为中间偏差，用Δ表示。

设m为组成环数，Δ_i为增环数，由$\Delta_0 = \sum_{i=1}^{m} \xi_i \left(\Delta_i + e_i \frac{T_i}{2} \right)$

得直线尺寸链的封闭环中间偏差（$\Delta_{0直}$）等于增环中间偏差（Δ_z）之和减去减环中间偏

差（Δ_j）之和，即

$$\Delta_{0直} = \sum_{i=1}^{m} \Delta_z - \sum_{i=1}^{m} \Delta_j$$

（3）封闭环及组成环极限偏差

各环上极限偏差等于其中间偏差加 1/2 该环公差；各环下极限偏差等于其中间偏差减 1/2 该环公差，即

封闭环极限偏差：

$$ES_0 = \Delta_0 + \frac{T_0}{2}, EI_0 = \Delta_0 - \frac{T_0}{2}$$

组成环极限偏差：

$$ES_i = \Delta_i + \frac{T_i}{2}, EI_i = \Delta_i - \frac{T_i}{2}$$

（4）组成环平均统计公差

在根据设计的精度要求（即给定封闭环公差）进行组成环公差分配的反计算中，直线尺寸链的组成环平均统计公差（$T_{av,s}$）为

$$T_{av,s} = \frac{T_0}{\sqrt{m}}$$

式中

T_0——给定封闭环公差；

m——组成环数。

二、解尺寸链

$$T_{0s} = \frac{1}{k_0} \sqrt{\sum_{i=1}^{m} \xi_i^2 k_i^2 T_i^2}$$

$$\Delta_0 = \sum_{i=1}^{m} \xi_i \left(\Delta_i + e_i \frac{T_i}{2} \right)$$

$$T_{av,s} = \frac{k_0 T_0}{\sqrt{\sum_{i=1}^{m} \xi_i^2 k_i^2}}$$

如果各组成环和封闭环的概率为非正态分布，可按 $T_{0s} = \frac{1}{k_0} \sqrt{\sum_{i=1}^{m} \xi_i^2 k_i^2 T_i^2}$、$\Delta_0 = \sum_{i=1}^{m} \xi_i \left(\Delta_i + e_i \frac{T_i}{2} \right)$、$T_{av,s} = \frac{k_0 T_0}{\sqrt{\sum_{i=1}^{m} \xi_i^2 k_i^2}}$ 计算。通常，对一批零件而言，同一尺寸链中的组成环和封闭环近似服从正态分布。用大数互换法解尺寸链时，根据不同要求，也有正计算、反计算和中间计算三种计算类型。现按照前述例 2 的尺寸链为例，说明用大数互换法进行反计算的方法。

【例4】对例2的尺寸链改用大数互换法计算，各组成环和封闭环为正态分布。

解：①求组成环平均统计公差。

$$T_{av,s} = \frac{T_0}{\sqrt{m}} = \frac{0.25}{\sqrt{5}} \approx 0.11 \text{ mm}$$

②决定各组成环公差。

估计各组成环公差约为 IT10 级,按其公称尺寸及工艺性,取 $T_1 = T_3 = 0.11$ mm, $T_2 = T_5 = 0.08$ mm,已知 $T_4 = 0.05$ mm,

校核封闭环统计公差为

$$T_{0s直} = \sqrt{\sum_{i=1}^{m} T_i^2} = \sqrt{0.11^2 + 0.08^2 + 0.11^2 + 0.05^2 + 0.08^2} \approx 0.199 \text{ mm}$$

小于封闭环公差 0.25 mm,满足要求。

③决定各组成环极限偏差。

留 L_3 作为补偿环,按"单向入体原则"确定其余各组成环极限偏差为

$$L_1 = 30^{0}_{-0.06} \text{ mm}, L_2 = 5^{0}_{-0.04} \text{ mm}, L_4 = 3^{0}_{-0.05} \text{ mm}, L_5 = 5^{0}_{-0.04} \text{ mm}$$

④决定组成环 L_3 的中间偏差和极限偏差。

由 $\Delta_{0直} = \sum_{i=1}^{m} \Delta_z - \sum_{i=1}^{m} \Delta_j$ 得 $\Delta_0 = 0.225$ mm

$$\Delta_3 = \Delta_0 + (\Delta_1 + \Delta_2 + \Delta_4 + \Delta_5) = 0.225 + (-0.055 - 0.05 - 0.025 - 0.04)$$
$$= 0.065 \text{ mm}$$

由 $ES_i = \Delta_i + \dfrac{T_i}{2}, EI_i = \Delta_i - \dfrac{T_i}{2}$ 得

$$ES_3 = \Delta_3 + \frac{T_3}{2} = 0.065 + \frac{0.11}{2} = 0.12 \text{ mm},$$

$$EI_3 = \Delta_3 - \frac{T_3}{2} = 0.065 - \frac{0.11}{2} = 0.01 \text{ mm}$$

于是得出: $L_3 = 43^{+0.12}_{+0.01}$ mm

通过例 2 所用两种解尺寸链的方法可以看出,用大数互换法解尺寸链与用完全互换法解尺寸链相比,用大数互换法解得的组成环公差可放大,各环平均放大 60% 以上,即各环公差等级可降低一级,而实际出现不合格件的可能性很小(对单个零件,概率为 0.27%;而本例部件装配后,概率为 0.054%),可以获得较明显的经济效果。

第四节　尺寸链计算的补偿措施

完全互换法和大数互换法是保证完全互换性的计算尺寸链的基本方法。但其应用在许多较高精度的装配中是不合理的,因为较高精度装配要求封闭环公差很小,而用完全互换法和大数互换法算出的组成环公差将更小,使零件的加工变得困难,故需通过某些补偿措施来解决。常用的方法有分组装配法、调整法和修配法。

一、分组装配法

分组装配法是先用完全互换法求出各组成环公差和极限偏差,再将相互配合的各组成环的公差扩大若干倍,扩大为经济可行的公差后制造零件,然后把相互配合的零件按测量所得实际尺寸等分为若干组。要求相互配合的零件的分组数和各组零件的尺寸范围分别相同,然后按对应组分别进行装配,同组零件可以组内互换,不同组间零件不能互换,这样既放大了组成环公差,又保证了封闭环要求的装配精度。

【例5】如图 6-9(a)所示为发动机活塞销和销孔的装配示意图,要求常温下应有 0.002 5 ~ 0.007 5 mm 的过盈量,试用分组装配法确定配合零件公差。

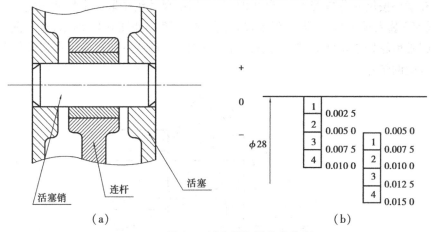

(a)　　　　　　　　　　(b)

图6-9　活塞销与销孔的装配

解:用完全互换法计算得到,活塞销直径 d 和销孔直径 D 分别为 $\phi 28^{0}_{-0.002\,5}$、$\phi 28^{-0.005\,0}_{-0.007\,5}$,这样,孔轴公差都为 IT2 级,加工难度很大。按如图 6-9(b)所示分为 4 组,制造尺寸公差放大 4 倍,活塞销直径 d 和销孔直径 D 分别为 $\phi 28^{0}_{-0.010\,0}$、$\phi 28^{-0.005}_{-0.015}$,且分别按对应组进行装配。虽然公差放大 4 倍,但仍能满足过盈量 0.002 5 ~ 0.007 5 mm 的技术要求。各组相配尺寸见表6-1。

表6-1　活塞销与销孔分组尺寸

组别	活塞销直径 $d = \phi 28^{0}_{-0.010\,0}$	销孔直径 $D = \phi 28^{-0.005}_{-0.015}$	配合情况	
			最小过盈量/mm	最大过盈量/mm
1	$28^{0}_{-0.002\,5}$	$28^{-0.005\,0}_{-0.007\,5}$	0.002 5	0.007 5
2	$28^{-0.002\,5}_{-0.005\,0}$	$28^{-0.007\,5}_{-0.010\,0}$		
3	$28^{+0.005\,0}_{-0.007\,5}$	$28^{-0.010\,0}_{-0.012\,5}$		
4	$28^{-0.007\,5}_{-0.010\,0}$	$28^{-0.012\,5}_{-0.015\,0}$		

分组装配法可扩大零件制造尺寸公差,保证装配精度。其主要缺点是增加了测量零件的工作量。此外,该方法仅能实现零件的组内互换,每一组有可能出现零件多余或不

够,因此,适用于成批生产的、高精度的、零件便于测量的、形状简单而环数较少的尺寸链。

二、调整法

将尺寸链各组成环按经济精度制造,这样必然导致 $\sum T_i > T_0$,为了保证装配精度,选定一个补偿环用以调整,这种方法叫作调整法。常用调整法有固定补偿环调整法和可动补偿环调整法两种。

1. 固定补偿环调整法

在尺寸链中选择一个合适的组成环作为补偿环,一般可选垫片或轴套之类的零件。根据需要把补偿环按尺寸分成若干组,装配时,从合适的尺寸组中取一个尺寸固定的补偿环(固定补偿环)装入预定位置,即可保证设计的装配精度。如图 6-10 所示,选择两个固定补偿环使圆锥齿轮处于正确的啮合位置。在以垫片作为补偿环时,应根据实际间隙测量结果选择合适的垫片。

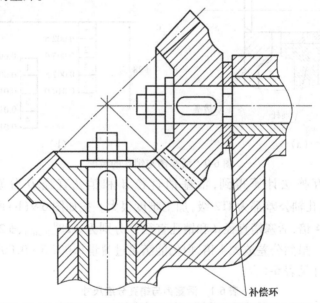

补偿环

图 6-10　固定补偿环调整

固定补偿环的相关计算,主要是确定补偿环尺寸、分几个组以及各组的尺寸范围。具体计算如下:

设补偿环的分组数为 Z,则

$$Z = \frac{F}{S} + 1$$

$$F = T_{0L扩} - T_0$$

式中

$T_{0L扩}$——各组成环公差扩大后的封闭环公差。

F——补偿量,组成环公差放大后封闭环公差($T_{0L扩}$)与原始封闭环公差(T_0)的差值。

其反映装配精度可能的超差程度,也是应给予补偿的总量。

S——组间尺寸差,指的是按尺寸将补偿环均分为若干组,相邻组对应尺寸之差,如最大尺寸之差、最小尺寸之差、中心尺寸之差,也称为级差,可由 $S = T_0 - T_补$ 求得。

$T_补$——补偿环的公差。

【例6】已知条件同例2,将 L_5 改为固定补偿环。试确定各组成环公差和极限偏差,同时确定补偿环的组数和各组的尺寸范围。

解:①按经济精度放宽各组成环公差,得

$L_1 = 30_{-0.20}^{0}$ mm, $L_2 = 5_{-0.10}^{0}$ mm, $L_3 = 43_{0}^{+0.20}$ mm, $L_4 = 3_{0}^{-0.05}$ mm, 补偿环 $L_5 = 5_{0}^{+0.10}$ mm

放大公差后,封闭环公差为

$$T_{0L扩} = T_1 + T_2 + T_3 + T_4 + T_5 = 0.20 + 0.10 + 0.20 + 0.05 + 0.10 = 0.65 \text{ mm}$$

$$T_0 = 0.25 \text{ mm}, 有: T_{0L扩} > T_0$$

因此,需补偿量为

$$F = T_{0L扩} - T_0 = 0.65 - 0.25 = 0.40 \text{ mm}$$

②确定组间尺寸差 S 和补偿环组数 Z。

$$S = T_0 - T_5 = 0.25 - 0.10 = 0.15 \text{ mm}$$

$$Z = \frac{F}{S} + 1 = \frac{0.40}{0.15} + 1 \approx 3.67 \text{ 组}, 取 Z 为 4。$$

③确定每组补偿环的尺寸范围。已知 $T_5 = 0.1$ mm,相邻组尺寸跨度为 0.15 mm,共有 4 组。如组数为奇数时, $L_5 = 5_{0}^{+0.10}$ mm 为中间一组,前、后分别相距 0.15 mm,确定相邻各组。本题组数为偶数,不存在中间一组,而按 $L_5 = 5_{0}^{+0.10}$ mm 为对称中心,对称中心前、后两组的尺寸差为 0.15 mm,则前组距离对称中心 -0.075 mm,后组距离对称中心 0.075 mm,其他各组按组间尺寸相差 0.15 mm 类推。各组尺寸范围如下:

$$L_{5(组1)} = (5 - 0.225)_{0}^{+0.10} \text{ mm}, L_{5(组2)} = (5 - 0.075)_{0}^{+0.10} \text{ mm}$$

$$L_{5(组3)} = (5 + 0.075)_{0}^{+0.10} \text{ mm}, L_{5(组4)} = (5 + 0.225)_{0}^{+0.10} \text{ mm}$$

2. 可动补偿环调整法

设置一种位置可调的补偿环,装配时,调整其位置,使封闭环达到精度要求。这种补偿方式在机械设计中广泛应用,它有多种结构形式,常用形式有镶条、锥套、调节螺旋副等。如图 6-11 所示为机床上用螺钉调整镶条位置以满足装配精度。

【例7】已知条件同例2,设 L_5 为可动补偿环,装配时改变补偿环尺寸,使封闭环达到规定要求。

解:①求放宽的各组成环公差。

因采用了可动补偿,各组成环公差(约为 IT11 级)放宽为

$T_1 = T_3 = 0.20$ mm, $T_2 = T_5 = 0.10$ mm, $T_4 = 0.05$ mm(标准件)

②求放宽后的封闭环公差。

$$T_{0L扩} = \sum_{i=1}^{m} T_i = 0.20 + 0.10 + 0.20 + 0.05 + 0.10 = 0.65 \text{ mm}$$

③计算补偿量 F。

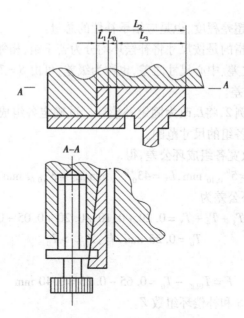

图 6-11 可动补偿环的应用

$$F = T_{0L实} - T_0 = 0.65 - 0.25 = 0.40 \text{ mm}$$

④确定各组成环(除补偿环外)极限偏差。

除补偿环 L_5 以外,根据"单向入体原则",确定各组成环极限偏差。

$$L_1 = 30^{0}_{-0.20} \text{ mm}, L_2 = 5^{0}_{-0.10} \text{ mm}, L_3 = 43^{+0.20}_{0} \text{ mm}, L_4 = 3^{0}_{-0.05} \text{ mm}$$

这时,各组成环中间偏差为:

$$\Delta_1 = -0.10 \text{ mm}, \Delta_2 = -0.05 \text{ mm}, \Delta_3 = +0.10 \text{ mm}, \Delta_4 = -0.025 \text{ mm}$$

⑤确定补偿环 L_5 中间偏差。

封闭环中间偏差 $(\Delta_0) = 0.225 \text{ mm}$,补偿环 L_5 中间偏差为:

$$\Delta_5 = \Delta_3 - (\Delta_1 + \Delta_2 + \Delta_4) - \Delta_0 = 0.10 - (-0.10 - 0.05 - 0.025) - 0.225 = 0.05 \text{ mm}$$

补偿环 L_5 的极限偏差为

$$ES_5 = \Delta_5 + \frac{T_5}{2} = 0.05 + \frac{0.10}{2} = 0.10 \text{ mm}$$

$$EI_5 = \Delta_5 - \frac{T_5}{2} = 0.05 - \frac{0.10}{2} = 0$$

$$L_5 = 5^{+0.10}_{0} \text{ mm}$$

⑥验算放宽后封闭环的极限偏差。

$$ES_0 = \Delta_0 + \frac{T_{0L实}}{2} = 0.225 + \frac{0.65}{2} = 0.55 \text{ mm}$$

$$EI_0 = \Delta_0 - \frac{T_{0L实}}{2} = 0.225 - \frac{0.65}{2} = -0.10 \text{ mm}$$

由于题意要求封闭环(装配间隙)为 $+0.10 \sim +0.35$ mm,放宽公差后其可能波动范围为 $-0.10 \sim +0.55$ mm,因此,补偿环需要调整 ± 0.20 mm。

综上,用调整法解尺寸链的优点是:

①放宽组成环公差,提高制造经济性;

②通过补偿环,可达到很高的装配精度;

③装配时不必修配,易于实现流水线生产;

④机器在使用中精度改变,可通过补偿环的更换和补偿环位置的调整恢复其原有精度。

该方法主要用于解决对封闭环精度要求较高或在机器使用中尺寸易变(如磨损、振动位移)的尺寸链问题。

三、修配法

在装配时,按经济精度放宽各组成环公差,必然导致 $\sum T_i > T_0$,这时,直接装配不能满足封闭环所要求的装配精度,因此在尺寸链中选定某一组成环作为修配环,通过机械加工方法改变其尺寸或就地配制这个环,使封闭环达到规定的精度。这种方法称为修配法。

修配过程实质上是减小零件尺寸的实施过程,如修配环是增环,在修配过程中封闭环尺寸变小;如修配环是减环,在修配过程中封闭环尺寸反而变大。被选定为修配环的组成环尺寸最大修配量(F)是封闭环实际尺寸变动量(T_{0L})减去封闭环允许尺寸变动量(即封闭环原始公差 T_0):

$$F = T_{0L} - T_0$$

其中,T_{0L} 为放宽各组成环公差后的封闭环的尺寸变动量:

$$T_{0L} = \sum T_i$$

修配法同样有扩大组成环制造公差、提高经济性的优点,但要增加修配费用和修配工作量,而且修配环完成后,其他组成环失去互换性,使用上有局限性,故修配法多用于单件小批和多环高精度的尺寸链计算。

本章小结

本章介绍了尺寸链的基本概念,定义、术语、作用等尺寸链的基本信息,重点讲解解尺寸链的方法,包括完全互换法、大数互换法,通过例题介绍理论方法在实践中的应用。此外,尺寸链的补偿措施——分组装配法、调整法和修配法可作为补充内容进行了解。

复习与思考

一、选择题(多选)

1. 对于尺寸链封闭环的确定,下列论述正确的有( )。

A. 图样中未标注尺寸的那一环　　　　B. 在装配过程中最后形成的一环

C. 精度最高的那一环　　　　　　　　D. 在零件加工过程中最后形成的一环

E. 尺寸链中需要求解的那一环

2. 在尺寸链计算中,下列论述正确的有( )。

A. 封闭环是根据尺寸是否重要确定的

B. 零件中最易加工的那一环即封闭环

C. 封闭环是零件加工中最后形成的那一环

D. 增环、减环都是最大极限尺寸时,封闭环的尺寸最小

3. 如图 6-12 所示尺寸链中,属于增环的有( )。

A. A_1　　　　B. A_2　　　　C. A_3　　　　D. A_4　　　　E. A_5

4. 如图 6-12 所示尺寸链中,属于减环的有( )。

A. A_1　　　　B. A_2　　　　C. A_3　　　　D. A_4　　　　E. A_5

5. 如图 6-13 所示尺寸链中,属于减环的有( )。

A. A_1　　　　B. A_2　　　　C. A_3　　　　D. A_4　　　　E. A_5

二、简答题

1. 什么是尺寸链?它有哪几种形式?

2. 如何确定一个尺寸链封闭环?如何判别某一组成环是增环还是减环?

3. 用完全互换法解尺寸链时,考虑问题的出发点是什么?

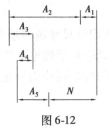

图 6-12

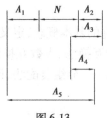

图 6-13

参考文献

［1］沈学勤.极限配合与技术测量［M］.北京:高等教育出版社,2008.

［2］孔庆华,母福生,刘传绍.极限配合与技术测量基础［M］.2 版.上海:同济大学出版社,2008.

［3］何红华,马振宝.互换性与测量技术［M］.北京:清华大学出版社,2008.

［4］包艳青,李福元.极限配合与技术测量［M］.北京:北京邮电大学出版社,2006.

［5］马丽霞.极限配合与技术测量［M］.北京:机械工业出版社,2002.

［6］余林.公差配合与技术测量［M］.大连:大连理工大学出版社,2006.

［7］GB/T 321—2005,优先数和优先数系［S］.

［8］中国标准出版社,全国产品尺寸和几何技术规范标准化技术委员会.中国机械工业标准汇编 极限与配合卷［M］.3 版.北京:中国标准出版社,2007.

［9］GB/T 40742.1—2021,产品几何技术规范(GPS) 几何精度的检测与验证 第 1 部分:基本概念和测量基础 符号、术语、测量条件和程序［S］.

［10］GB/T 40742.2—2021,产品几何技术规范(GPS) 几何精度的检测与验证 第 2 部分:形状、方向、位置、跳动和轮廓度特征的检测与验证［S］.

［11］GB/T 40742.3—2021,产品几何技术规范(GPS) 几何精度的检测与验证 第 3 部分:功能量规与夹具 应用最大实体要求和最小实体要求时的检测与验证［S］.

［12］GB/T 40742.4—2021,产品几何技术规范(GPS) 几何精度的检测与验证 第 4 部分:尺寸和几何误差评定、最小区域的判别模式［S］.

［13］GB/T 33523.1—2020,产品几何技术规范(GPS) 表面结构区域法 第 1 部分:表面结构的表示法［S］.

［14］GB/T 5801—2020,滚动轴承 机制套圈滚针轴承 外形尺寸、产品几何技术规范(GPS)和公差值［S］.

［15］GB/T 1800.1—2020,产品几何技术规范(GPS) 线性尺寸公差 ISO 代号体系 第 1 部分:公差、偏差和配合的基础［S］.

［16］GB/T 1800.2—2020,产品几何技术规范(GPS) 线性尺寸公差 ISO 代号体系 第 2 部分:标准公差带代号和孔、轴的极限偏差表［S］.

［17］GB/T 13319—2020,产品几何技术规范(GPS) 几何公差 成组(要素)与组合几何规范［S］.

[18] GB/T 38762.1—2020,产品几何技术规范(GPS) 尺寸公差 第1 部分:线性尺寸[S].

[19] GB/T 13319—2020,产品几何技术规范(GPS) 几何公差 成组(要素)与组合几何规范[S].

[20] GB/T 24637.1—2020,产品几何技术规范(GPS) 通用概念 第1 部分:几何规范和检验的模型[S].

[21] GB/T 24637.2—2020,产品几何技术规范(GPS) 通用概念 第2 部分:基本原则、规范、操作集和不确定度[S].

[22] GB/T 24637.3—2020,产品几何技术规范(GPS) 通用概念 第3 部分:被测要素[S].

[23] GB/T 1182—2018,产品几何技术规范(GPS) 几何公差 形状、方向、位置和跳动公差标注[S].

附　录

附录A　轴的极限偏差(GB/T 1800.2—2020)

轴的极限偏差(基本偏差a、b和c)[a]

上极限偏差 $= es$

下极限偏差 $= ei$

偏差单位为微米(μm)

公称尺寸/mm		a[b]					b[b]						c				
大于	至	9	10	11	12	13	8	9	10	11	12	13	8	9	10	11	12
—	3[b]	−270	−270	−270	−270	−270	−140	−140	−140	−140	−140	−140	−60	−60	−60	−60	−60
		−295	−310	−330	−370	−410	−154	−165	−180	−200	−240	−280	−74	−85	−100	−120	−160
3	6	−270	−270	−270	−270	−270	−140	−140	−140	−140	−140	−140	−70	−70	−70	−70	−70
		−300	−318	−345	−390	−450	−158	−170	−188	−215	−260	−320	−88	−100	−118	−145	−190
6	10	−280	−280	−280	−280	−280	−150	−150	−150	−150	−150	−150	−80	−80	−80	−80	−80
		−316	−338	−370	−430	−500	−172	−186	−208	−240	−300	−370	−102	−116	−138	−170	−230
10	18	−290	−290	−290	−290	−290	−150	−150	−150	−150	−150	−150	−95	−95	−95	−95	−95
		−333	−360	−400	−470	−560	−177	−193	−220	−260	−330	−420	−122	−138	−165	−205	−275
18	30	−300	−300	−300	−300	−300	−160	−160	−160	−160	−160	−160	−110	−110	−110	−110	−110
		−352	−384	−430	−510	−630	−193	−212	−244	−290	−370	−490	−143	−162	−194	−240	−320
30	40	−310	−310	−310	−310	−310	−170	−170	−170	−170	−170	−170	−120	−120	−120	−120	−120
		−372	−410	−470	−560	−700	−209	−232	−270	−330	−420	−560	−159	−182	−220	−280	−370
40	50	−320	−320	−320	−320	−320	−180	−180	−180	−180	−180	−180	−130	−130	−130	−130	−130
		−382	−420	−480	−570	−710	−219	−242	−280	−340	−430	−570	−169	−192	−230	−290	−380
50	65	−340	−340	−340	−340	−340	−190	−190	−190	−190	−190	−190	−140	−140	−140	−140	−140
		−414	−460	−530	−640	−800	−236	−264	−310	−380	−490	−650	−186	−214	−260	−330	−440
65	80	−360	−360	−360	−360	−360	−200	−200	−200	−200	−200	−200	−150	−150	−150	−150	−150
		−434	−480	−550	−660	−820	−246	−274	−320	−390	−500	−660	−196	−224	−270	−340	−450
80	100	−380	−380	−380	−380	−380	−220	−220	−220	−220	−220	−220	−170	−170	−170	−170	−170
		−467	−520	−600	−730	−920	−274	−307	−360	−440	−570	−760	−224	−257	−310	−390	−520

续表

公称尺寸/mm		a^b					b^b						c				
大于	至	9	10	11	12	13	8	9	10	11	12	13	8	9	10	11	12
100	120	−410 / −497	−410 / −550	−410 / −630	−410 / −760	−410 / −950	−240 / −294	−240 / −327	−240 / −380	−240 / −460	−240 / −590	−240 / −780	−180 / −234	−180 / −267	−180 / −320	−180 / −400	−180 / −530
120	140	−460 / −560	−460 / −620	−460 / −710	−460 / −860	−460 / −1 090	−260 / −323	−260 / −360	−260 / −420	−260 / −510	−260 / −660	−260 / −890	−200 / −263	−200 / −300	−200 / −360	−200 / −450	−200 / −600
140	160	−520 / −620	−520 / −680	−520 / −770	−520 / −920	−520 / −1 150	−280 / −343	−280 / −380	−280 / −440	−280 / −530	−280 / −680	−280 / −910	−210 / −273	−210 / −310	−210 / −370	−210 / −460	−210 / −610
160	180	−580 / −680	−580 / −740	−580 / −830	−580 / −980	−580 / −1 210	−310 / −373	−310 / −410	−310 / −470	−310 / −560	−310 / −710	−310 / −940	−230 / −293	−230 / −330	−230 / −390	−230 / −480	−230 / −630
180	200	−660 / −775	−660 / −845	−660 / −950	−660 / −1 120	−660 / −1 380	−340 / −412	−340 / −455	−340 / −525	−340 / −630	−340 / −800	−340 / −1 060	−240 / −312	−240 / −355	−240 / −425	−240 / −530	−240 / −700
200	225	−740 / −855	−740 / −925	−740 / −1 030	−740 / −1 200	−740 / −1 460	−380 / −452	−380 / −495	−380 / −565	−380 / −670	−380 / −840	−380 / −1 100	−260 / −332	−260 / −375	−260 / −445	−260 / −550	−260 / −720
225	250	−820 / −935	−820 / −1 005	−820 / −1 110	−820 / −1 280	−820 / −1 540	−420 / −492	−420 / −535	−420 / −605	−420 / −710	−420 / −880	−420 / −1 140	−280 / −352	−280 / −395	−280 / −465	−280 / −570	−280 / −740
250	280	−920 / −1 050	−920 / −1 130	−920 / −1 240	−920 / −1 440	−920 / −1 730	−480 / −561	−480 / −610	−480 / −690	−480 / −800	−480 / −1 000	−480 / −1 290	−300 / −381	−300 / −430	−300 / −510	−300 / −620	−300 / −820
280	315	−1 050 / −1 180	−1 050 / −1 260	−1 050 / −1 370	−1 050 / −1 570	−1 050 / −1 860	−540 / −621	−540 / −670	−540 / −750	−540 / −860	−540 / −1 060	−540 / −1 350	−330 / −411	−330 / −460	−330 / −540	−330 / −650	−330 / −850
315	355	−1 200 / −1 340	−1 200 / −1 430	−1 200 / −1 560	−1 200 / −1 770	−1 200 / −2 090	−600 / −689	−600 / −740	−600 / −830	−600 / −960	−600 / −1 170	−600 / −1 490	−360 / −449	−360 / −500	−360 / −590	−360 / −720	−360 / −930
355	400	−1 350 / −1 490	−1 350 / −1 580	−1 350 / −1 710	−1 350 / −1 920	−1 350 / −2 240	−680 / −769	−680 / −820	−680 / −910	−680 / −1 040	−680 / −1 250	−680 / −1 570	−400 / −489	−400 / −540	−400 / −630	−400 / −760	−400 / −970
400	450	−1 500 / −1 655	−1 500 / −1 750	−1 500 / −1 900	−1 500 / −2 130	−1 500 / −2 470	−760 / −857	−760 / −915	−760 / −1 010	−760 / −1 160	−760 / −1 390	−760 / −1 730	−440 / −537	−440 / −595	−440 / −690	−440 / −840	−440 / −1 070
450	500	−1 650 / −1 805	−1 650 / −1 900	−1 650 / −2 050	−1 650 / −2 280	−1 650 / −2 620	−840 / −937	−840 / −995	−840 / −1 090	−840 / −1 240	−840 / −1 470	−840 / −1 810	−480 / −577	−480 / −635	−480 / −730	−480 / −880	−480 / −1 110

没有给出公称尺寸大于 500 mm 的基本偏差 a、b 和 c。

公称尺寸小于 1 mm 时，各级的 a 和 b 均不采用。

轴的极限偏差（基本偏差 cd 和 d）

上极限偏差 $= es$

下极限偏差 $= ei$

偏差单位为微米（μm）

公称尺寸/mm		cd^a						d								
大于	至	5	6	7	8	9	10	5	6	7	8	9	10	11	12	13
—	3	−34 / −38	−34 / −40	−34 / −44	−34 / −48	−34 / −59	−34 / −74	−20 / −24	−20 / −26	−20 / −30	−20 / −34	−20 / −45	−20 / −60	−20 / −80	−20 / −120	−20 / −160

续表

公称尺寸/mm		cd[a]						d								
大于	至	5	6	7	8	9	10	5	6	7	8	9	10	11	12	13
3	6	−46 −51	−46 −54	−46 −58	−46 −64	−46 −76	−46 −94	−30 −35	−30 −38	−30 −42	−30 −48	−30 −60	−30 −78	−30 −105	−30 −150	−30 −210
6	10	−56 −62	−56 −65	−56 −71	−56 −78	−56 −92	−56 −114	−40 −46	−40 −49	−40 −55	−40 −62	−40 −76	−40 −98	−40 −130	−40 −190	−40 −260
10	18							−50 −58	−50 −61	−50 −68	−50 −77	−50 −93	−50 −120	−50 −160	−50 −230	−50 −320
18	30							−65 −74	−65 −78	−65 −86	−65 −98	−65 −117	−65 −149	−65 −195	−65 −275	−65 −395
30	50							−80 −91	−80 −96	−80 −105	−80 −119	−80 −142	−80 −180	−80 −240	−80 −330	−80 −470
50	80							−100 −113	−100 −119	−100 −130	−100 −146	−100 −174	−100 −220	−100 −290	−100 −400	−100 −560
80	120							−120 −135	−120 −142	−120 −155	−120 −174	−120 −207	−120 −260	−120 −340	−120 −470	−120 −660
120	180							−145 −163	−145 −170	−145 −185	−145 −208	−145 −245	−145 −305	−145 −395	−145 −545	−145 −775
180	250							−170 −190	−170 −199	−170 −216	−170 −242	−170 −285	−170 −355	−170 −460	−170 −630	−170 −890
250	315							−190 −213	−190 −222	−190 −242	−190 −271	−190 −320	−190 −400	−190 −510	−190 −710	−190 −1 000
315	400							−210 −235	−210 −246	−210 −267	−210 −299	−210 −350	−210 −440	−210 −570	−210 −780	−210 −1 100
400	500							−230 −257	−230 −270	−230 −293	−230 −327	−230 −385	−230 −480	−230 −630	−230 −860	−230 −1 200
500	630							−260 −330	−260 −370	−260 −435	−260 −540	−260 −700				
630	800							−290 −370	−290 −415	−290 −490	−290 −610	−290 −790				
800	1 000							−320 −410	−320 −460	−320 −550	−320 −680	−320 −880				
1 000	1 250							−350 −455	−350 −515	−350 −610	−350 −770	−350 −1 010				
1 250	1 600							−390 −515	−390 −585	−390 −700	−390 −890	−390 −1 170				
1 600	2 000							−430 −580	−430 −660	−430 −800	−430 −1 030	−430 −1 350				

续表

公称尺寸/mm		cd^a						d								
大于	至	5	6	7	8	9	10	5	6	7	8	9	10	11	12	13
2 000	2 500									−480 / −655	−480 / −760	−480 / −920	−480 / −1 180	−480 / −1 580		
2 500	3 150									−520 / −730	−520 / −850	−520 / −1 060	−520 / −1 380	−520 / −1 870		

中间的基本偏差 cd 主要应用于精密机构和钟表制造业。如果需要在其他公称尺寸中包含该基本偏差的公差带代号,可依据 GB/T 1800.1 计算。

轴的极限偏差(基本偏差 e 和 ef)

上极限偏差 $= es$

下极限偏差 $= ei$

偏差单位为微米(μm)

公称尺寸/mm		e						ef^a							
大于	至	5	6	7	8	9	10	3	4	5	6	7	8	9	10
—	3	−14 / −18	−14 / −20	−14 / −24	−14 / −28	−14 / −39	−14 / −54	−10 / −12	−10 / −13	−10 / −14	−10 / −16	−10 / −20	−10 / −24	−10 / −35	−10 / −50
3	6	−20 / −25	−20 / −28	−20 / −32	−20 / −38	−20 / −50	−20 / −68	−14 / −16.5	−14 / −18	−14 / −19	−14 / −22	−14 / −26	−14 / −32	−14 / −44	−14 / −62
6	10	−25 / −31	−25 / −34	−25 / −40	−25 / −47	−25 / −61	−25 / −83	−18 / −20.5	−18 / −22	−18 / −24	−18 / −27	−18 / −33	−18 / −40	−18 / −54	−18 / −76
10	18	−32 / −40	−32 / −43	−32 / −50	−32 / −59	−32 / −75	−32 / −102								
18	30	−40 / −49	−40 / −53	−40 / −61	−40 / −73	−40 / −92	−40 / −124								
30	50	−50 / −61	−50 / −66	−50 / −75	−50 / −89	−50 / −112	−50 / −150								
50	80	−60 / −73	−60 / −79	−60 / −90	−60 / −106	−60 / −134	−60 / −180								
80	120	−72 / −87	−72 / −94	−72 / −107	−72 / −126	−72 / −159	−72 / −212								
120	180	−85 / −103	−85 / −110	−85 / −125	−85 / −148	−85 / −185	−85 / −245								

续表

公称尺寸 /mm		e						ef[a]							
大于	至	5	6	7	8	9	10	3	4	5	6	7	8	9	10
180	250	−100 −120	−100 −129	−100 −146	−100 −172	−100 −215	−100 −285								
250	315	−110 −133	−110 −142	−110 −162	−110 −191	−110 −240	−110 −320								
315	400	−125 −150	−125 −161	−125 −182	−125 −214	−125 −265	−125 −355								
400	500	−135 −162	−135 −175	−135 −198	−135 −232	−135 −290	−135 −385								
500	630		−145 −189	−145 −215	−145 −255	−145 −320	−145 −425								
630	800		−160 −210	−160 −240	−160 −285	−160 −360	−160 −480								
800	1 000		−170 −226	−170 −260	−170 −310	−170 −400	−170 −530								
1 000	1 250		−195 −261	−195 −300	−195 −360	−195 −455	−195 −615								
1 250	1 600		−220 −298	−220 −345	−220 −415	−220 −530	−220 −720								
1 600	2 000		−240 −332	−240 −390	−240 −470	−240 −610	−240 −840								
2 000	2 500		−260 −370	−260 −435	−260 −540	−260 −700	−260 −960								
2 500	3 150		−290 −425	−290 −500	−290 −620	−290 −830	−290 −1 150								

中间的基本偏差 ef 主要应用于精密机构和钟表制造业。如果需要在其他公称尺寸中包含该基本偏差的公差带代号,可依据 GB/T 1800.1 计算。

轴的极限偏差(基本偏差 f 和 fg)

上极限偏差 = es

下极限偏差 = ei

偏差单位为微米(μm)

公称尺寸/mm 大于	至	f 3	f 4	f 5	f 6	f 7	f 8	f 9	f 10	fg[a] 3	fg 4	fg 5	fg 6	fg 7	fg 8	fg 9	fg 10
—	3	−6 / −8	−6 / −9	−6 / −10	−6 / −12	−6 / −16	−6 / −20	−6 / −31	−6 / −46	−4 / −6	−4 / −7	−4 / −8	−4 / −10	−4 / −14	−4 / −18	−4 / −29	−4 / −44
3	6	−10 / −12.5	−10 / −14	−10 / −15	−10 / −18	−10 / −22	−10 / −28	−10 / −40	−10 / −58	−6 / −8.5	−6 / −10	−6 / −11	−6 / −14	−6 / −18	−6 / −24	−6 / −36	−6 / −54
6	10	−13 / −15.5	−13 / −17	−13 / −19	−13 / −22	−13 / −28	−13 / −35	−13 / −49	−13 / −71	−8 / −10.5	−8 / −12	−8 / −14	−8 / −17	−8 / −23	−8 / −30	−8 / −44	−8 / −66
10	18	−16 / −19	−16 / −21	−16 / −24	−16 / −27	−16 / −34	−16 / −43	−16 / −59	−16 / −86								
18	30	−20 / −24	−20 / −26	−20 / −29	−20 / −33	−20 / −41	−20 / −53	−20 / −72	−20 / −104								
30	50	−25 / −29	−25 / −32	−25 / −36	−25 / −41	−25 / −50	−25 / −64	−25 / −87	−25 / −125								
50	80			−30 / −38	−30 / −43	−30 / −49	−30 / −60	−30 / −76	−30 / −104								
80	120			−36 / −46	−36 / −51	−36 / −58	−36 / −71	−36 / −90	−36 / −123								
120	180			−43 / −55	−43 / −61	−43 / −68	−43 / −83	−43 / −106	−43 / −143								
180	250			−50 / −64	−50 / −70	−50 / −79	−50 / −96	−50 / −122	−50 / −165								
250	315			−56 / −72	−56 / −79	−56 / −88	−56 / −108	−56 / −137	−56 / −186								
315	400			−62 / −80	−62 / −87	−62 / −98	−62 / −119	−62 / −151	−62 / −202								
400	500			−68 / −88	−68 / −95	−68 / −108	−68 / −131	−68 / −165	−68 / −223								
500	630				−76 / −120	−76 / −146	−76 / −186	−76 / −251									

公称尺寸/mm		f							fgª							
大于	至	3	4	5	6	7	8	9	10	3	4	5	6	7	8	9	10
630	800				−80 −130	−80 −160	−80 −205	−80 −280								
800	1 000				−86 −142	−86 −176	−86 −226	−86 −316								
1 000	1 250				−98 −164	−98 −203	−98 −263	−98 −358								
1 250	1 600				−110 −188	−110 −235	−110 −305	−110 −420								
1 600	2 000				−120 −212	−120 −270	−120 −350	−120 −490								
2 000	2 500				−130 −240	−130 −305	−130 −410	−130 −570								
2 500	3 150				−145 −280	−145 −355	−145 −475	−145 −685								

中间的基本偏差 fg 主要应用于精密机构和钟表制造业。如果需要在其他公称尺寸中包含该基本偏差的公差带代号,可依据 GB/T 1800.1 计算。

轴的极限偏差(基本偏差 g)

上极限偏差 $= es$

下极限偏差 $= ei$

偏差单位为微米(μm)

公称尺寸/mm		g							
大于	至	3	4	5	6	7	8	9	10
—	3	−2 −4	−2 −5	−2 −6	−2 −8	−2 −12	−2 −16	−2 −27	−2 −42
3	6	−4 −6.5	−4 −8	−4 −9	−4 −12	−4 −16	−4 −22	−4 −34	−4 −52
6	10	−5 −7.5	−5 −9	−5 −11	−5 −14	−5 −20	−5 −27	−5 −41	−5 −63
10	18	−6 −9	−6 −11	−6 −14	−6 −17	−6 −24	−6 −33	−6 −49	−6 −76
18	30	−7 −11	−7 −13	−7 −16	−7 −20	−7 −28	−7 −40	−7 −59	−7 −91

续表

公称尺寸/mm		g							
大于	至	3	4	5	6	7	8	9	10
30	50	−9 −13	−9 −16	−9 −20	−9 −25	−9 −34	−9 −48	−9 −71	−9 −109
50	80		−10 −18	−10 −23	−10 −29	−10 −40	−10 −56		
80	120		−12 −22	−12 −27	−12 −34	−12 −47	−12 −66		
120	180		−14 −26	−14 −32	−14 −39	−14 −54	−14 −77		
180	250		−15 −29	−15 −35	−15 −44	−15 −61	−15 −87		
250	315		−17 −33	−17 −40	−17 −49	−17 −69	−17 −98		
315	400		−18 −36	−18 −43	−18 −54	−18 −75	−18 −107		
400	500		−20 −40	−20 −47	−20 −60	−20 −83	−20 −117		
500	630				−22 −66	−22 −92	−22 −132		
630	800				−24 −74	−24 −104	−24 −149		
800	1 000				−26 −82	−26 −116	−26 −166		
1 000	1 250				−28 −94	−28 −133	−28 −193		
1 250	1 600				−30 −108	−30 −155	−30 −225		
1 600	2 000				−32 −124	−32 −182	−32 −262		
2 000	2 500				−34 −144	−34 −209	−34 −314		
2 500	3 150				−38 −173	−38 −248	−38 −368		

轴的极限偏差(基本偏差 h)

上极限偏差 = es

下极限偏差 = ei

公称尺寸/mm		h																	
		1	2	3	4	5	6	7	8	9	10	11	12	13	14ª	15ª	16ª	17	18
大于	至	偏差																	
		μm											mm						
—	3ª	0	0	0	0	0	0	0	0	0	0	0	0	0	0	0	0		
		-0.8	-1.2	-2	-3	-4	-6	-10	-14	-25	-40	-60	-0.1	-0.14	-0.25	-0.4	-0.6		
3	6	0	0	0	0	0	0	0	0	0	0	0	0	0	0	0	0	0	0
		-1	-1.5	-2.5	-4	-5	-8	-12	-18	-30	-48	-75	-0.12	-0.18	-0.3	-0.48	-0.75	-1.2	-1.8
6	10	0	0	0	0	0	0	0	0	0	0	0	0	0	0	0	0	0	0
		-1	-1.5	-2.5	-4	-6	-9	-15	-22	-36	-58	-90	-0.15	-0.22	-0.36	-0.58	-0.9	-1.5	-2.2
10	18	0	0	0	0	0	0	0	0	0	0	0	0	0	0	0	0	0	0
		-1.2	-2	-3	-5	-8	-11	-18	-27	-43	-70	-110	-0.18	-0.27	-0.43	-0.7	-1.1	-1.8	-2.7
18	30	0	0	0	0	0	0	0	0	0	0	0	0	0	0	0	0	0	0
		-1.5	-2.5	-4	-6	-9	-13	-21	-33	-52	-84	-130	-0.21	-0.33	-0.52	-0.84	-1.3	-2.1	-3.3
30	50	0	0	0	0	0	0	0	0	0	0	0	0	0	0	0	0	0	0
		-1.5	-2.5	-4	-7	-11	-16	-25	-39	-62	-100	-160	-0.25	-0.39	-0.62	-1	-1.6	-2.5	-3.9
50	80	0	0	0	0	0	0	0	0	0	0	0	0	0	0	0	0	0	0
		-2	-3	-5	-8	-13	-19	-30	-46	-74	-120	-190	-0.3	-0.46	-0.74	-1.2	-1.9	-3	-4.6
80	120	0	0	0	0	0	0	0	0	0	0	0	0	0	0	0	0	0	0
		-2.5	-4	-6	-10	-15	-22	-35	-54	-87	-140	-220	-0.35	-0.54	-0.87	-1.4	-2.2	-3.5	-5.4
120	180	0	0	0	0	0	0	0	0	0	0	0	0	0	0	0	0	0	0
		-3.5	-5	-8	-12	-18	-25	-40	-63	-100	-160	-250	-0.4	-0.63	-1	-1.6	-2.5	-4	-6.3
180	250	0	0	0	0	0	0	0	0	0	0	0	0	0	0	0	0	0	0
		-4.5	-7	-10	-14	-20	-29	-46	-72	-115	-185	-290	-0.46	-0.72	-1.15	-1.85	-2.9	-4.6	-7.2
250	315	0	0	0	0	0	0	0	0	0	0	0	0	0	0	0	0	0	0
		-6	-8	-12	-16	-23	-32	-52	-81	-130	-210	-320	-0.52	-0.81	-1.3	-2.1	-3.2	-5.2	-8.1
315	400	0	0	0	0	0	0	0	0	0	0	0	0	0	0	0	0	0	0
		-7	-9	-13	-18	-25	-36	-57	-89	-140	-230	-360	-0.57	-0.89	-1.4	-2.3	-3.6	-5.7	-8.9
400	500	0	0	0	0	0	0	0	0	0	0	0	0	0	0	0	0	0	0
		-8	-10	-15	-20	-27	-40	-63	-97	-155	-250	-400	-0.63	-0.97	-1.55	-2.5	-4	-6.3	-9.7
500	630	0	0	0	0	0	0	0	0	0	0	0	0	0	0	0	0	0	0
		-9	-11	-16	-22	-32	-44	-70	-110	-175	-280	-440	-0.7	-1.1	-1.75	-2.8	-4.4	-7	-11
630	800	0	0	0	0	0	0	0	0	0	0	0	0	0	0	0	0	0	0
		-10	-13	-18	-25	-36	-50	-80	-125	-200	-320	-500	-0.8	-1.25	-2	-3.2	-5	-8	-12.5
800	1 000	0	0	0	0	0	0	0	0	0	0	0	0	0	0	0	0	0	0
		-11	-15	-21	-28	-40	-56	-90	-140	-230	-360	-560	-0.9	-1.4	-2.3	-3.6	-5.6	-9	-14
1 000	1 250	0	0	0	0	0	0	0	0	0	0	0	0	0	0	0	0	0	0
		-13	-18	-24	-33	-47	-66	-105	-165	-260	-420	-660	-1.05	-1.65	-2.6	-4.2	-6.6	-10.5	-16.5
1 250	1 600	0	0	0	0	0	0	0	0	0	0	0	0	0	0	0	0	0	0
		-15	-21	-29	-39	-55	-78	-125	-195	-310	-500	-780	-1.25	-1.95	-3.1	-5	-7.8	-12.5	-19.5
1 600	2 000	0	0	0	0	0	0	0	0	0	0	0	0	0	0	0	0	0	0
		-18	-25	-35	-46	-65	-92	-150	-230	-370	-600	-920	-1.5	-2.3	-3.7	-6	-9.2	-15	-23
2 000	2 500	0	0	0	0	0	0	0	0	0	0	0	0	0	0	0	0	0	0
		-22	-30	-41	-55	-78	-110	-175	-280	-440	-700	-1 100	-1.75	-2.8	-4.4	-7	-11	-17.5	-28
2 500	3 150	0	0	0	0	0	0	0	0	0	0	0	0	0	0	0	0	0	0
		-26	-36	-50	-68	-96	-135	-210	-330	-540	-860	-1 350	-2.1	-3.3	-5.4	-8.6	-13.5	-21	-33

IT14 ~ IT16 只用于大于 1 mm 的公称尺寸。

轴的极限偏差（基本偏差 js）[a]

上极限偏差 = es
下极限偏差 = ei

偏差 js

公称尺寸/mm 大于	至	1	2	3	4	5	6	7	8	9	10	11	12	13	14[b]	15[b]	16[b]	17	18
		μm											mm						
—	3[b]	±0.4	±0.6	±1	±1.5	±2	±3	±5	±7	±12.5	±20	±30	±0.05	±0.07	±0.125	±0.2	±0.3	±0.5	±0.7
3	6	±0.5	±0.75	±1.25	±2	±2.5	±4	±6	±9	±15	±24	±37.5	±0.06	±0.09	±0.15	±0.24	±0.375	±0.6	±0.9
6	10	±0.5	±0.75	±1.25	±2	±3	±4.5	±7.5	±11	±18	±29	±45	±0.075	±0.11	±0.18	±0.29	±0.45	±0.75	±1.1
10	18	±0.6	±1	±1.5	±2.5	±4	±5.5	±9	±13.5	±21.5	±35	±55	±0.09	±0.135	±0.215	±0.35	±0.55	±0.9	±1.35
18	30	±0.75	±1.25	±2	±3	±4.5	±6.5	±10.5	±16.5	±26	±42	±65	±0.105	±0.165	±0.26	±0.42	±0.65	±1.05	±1.65
30	50	±0.75	±1.25	±2	±3.5	±5.5	±8	±12.5	±19.5	±31	±50	±80	±0.125	±0.195	±0.31	±0.5	±0.8	±1.25	±1.95
50	80	±1	±1.5	±2.5	±4	±6.5	±9.5	±15	±23	±37	±60	±95	±0.15	±0.23	±0.37	±0.6	±0.95	±1.5	±2.3
80	120	±1.25	±2	±3	±5	±7.5	±11	±17.5	±27	±43.5	±70	±110	±0.175	±0.27	±0.435	±0.7	±1.1	±1.75	±2.7
120	180	±1.75	±2.5	±4	±6	±9	±12.5	±20	±31.5	±50	±80	±125	±0.2	±0.315	±0.5	±0.8	±1.25	±2	±3.15
180	250	±2.25	±3.5	±5	±7	±10	±14.5	±23	±36	±57.5	±92.5	±145	±0.23	±0.36	±0.575	±0.925	±1.45	±2.3	±3.6
250	315	±3	±4	±6	±8	±11.5	±16	±26	±40.5	±65	±105	±160	±0.26	±0.405	±0.65	±1.05	±1.6	±2.6	±4.05
315	400	±3.5	±4.5	±6.5	±9	±12.5	±18	±28.5	±44.5	±70	±115	±180	±0.285	±0.445	±0.7	±1.15	±1.8	±2.85	±4.45
400	500	±4	±5	±7.5	±10	±13.5	±20	±31.5	±48.5	±77.5	±125	±200	±0.315	±0.485	±0.775	±1.25	±2	±3.15	±4.85
500	630	±4.5	±5.5	±8	±11	±16	±22	±35	±55	±87.5	±140	±220	±0.35	±0.55	±0.875	±1.4	±2.2	±3.5	±5.5
630	800	±5	±6.5	±9	±12.5	±18	±25	±40	±62.5	±100	±160	±250	±0.4	±0.625	±1	±1.6	±2.5	±4	±6.25
800	1 000	±5.5	±7.5	±10.5	±14	±20	±28	±45	±70	±115	±180	±280	±0.45	±0.7	±1.15	±1.8	±2.8	±4.5	±7
1 000	1 250	±6.5	±9	±12	±16.5	±23.5	±33	±52.5	±82.5	±130	±210	±330	±0.525	±0.825	±1.3	±2.1	±3.3	±5.25	±8.25
1 250	1 600	±7.5	±10.5	±14.5	±19.5	±27.5	±39	±62.5	±97.5	±155	±250	±390	±0.625	±0.975	±1.55	±2.5	±3.9	±6.25	±9.75
1 600	2 000	±9	±12.5	±17.5	±23	±32.5	±46	±75	±115	±185	±300	±460	±0.75	±1.15	±1.85	±3	±4.6	±7.5	±11.5
2 000	2 500	±11	±15	±20.5	±27.5	±39	±55	±87.5	±140	±220	±350	±550	±0.875	±1.4	±2.2	±3.5	±5.5	±8.75	±14
2 500	3 150	±13	±18	±25	±34	±48	±67.5	±105	±165	±270	±430	±675	±1.05	±1.65	±2.7	±4.3	±6.75	±10.5	±16.5

为了避免相同值的重复，表列值以"±x"给出，可同为 es = +x，ei = -x，例如，$^{+0.23}_{-0.23}$ mm。

IT14～IT16 只用于大于 1 mm 的公称尺寸。

轴的极限偏差(基本偏差 j 和 k)

上极限偏差 = es

下极限偏差 = ei

偏差单位为微米(μm)

公称尺寸 /mm		j				k										
大于	至	5ᵃ	6ᵃ	7ᵃ	8	3	4	5	6	7	8	9	10	11	12	13
—	3	±2	+4 -2	+6 -4	+8 -6	+2 0	+3 0	+4 0	+6 0	+10 0	+14 0	+25 0	+40 0	+60 0	+100 0	+140 0
3	6	+3 -2	+6 -2	+8 -4		+2.5 0	+5 +1	+6 +1	+9 +1	+13 +1	+18 0	+30 0	+48 0	+75 0	+120 0	+180 0
6	10	+4 -2	+7 -2	+10 -5		+2.5 0	+5 +1	+7 +1	+10 +1	+16 +1	+22 0	+36 0	+58 0	+90 0	+150 0	+220 0
10	18	+5 -3	+8 -3	+12 -6		+3 0	+6 +1	+9 +1	+12 +1	+19 +1	+27 0	+43 0	+70 0	+110 0	+180 0	+270 0
18	30	+5 -4	+9 -4	+13 -8		+4 0	+8 +2	+11 +2	+15 +2	+23 +2	+33 0	+52 0	+84 0	+130 0	+210 0	+330 0
30	50	+6 -5	+11 -5	+15 -10		+4 0	+9 +2	+13 +2	+18 +2	+27 +2	+39 0	+62 0	+100 0	+160 0	+250 0	+390 0
50	80	+6 -7	+12 -7	+18 -12			+10 +2	+15 +2	+21 +2	+32 +2	+46 0	+74 0	+120 0	+190 0	+300 0	+460 0
80	120	+6 -9	+13 -9	+20 -15			+13 +3	+18 +3	+25 +3	+38 +3	+54 0	+87 0	+140 0	+220 0	+350 0	+540 0
120	180	+7 -11	+14 -11	+22 -18			+15 +3	+21 +3	+28 +3	+43 +3	+63 0	+100 0	+160 0	+250 0	+400 0	+630 0
180	250	+7 -13	+16 -13	+25 -21			+18 +4	+24 +4	+33 +4	+50 +4	+72 0	+115 0	+185 0	+290 0	+460 0	+720 0
250	315	+7 -16	±16	±26			+20 +4	+27 +4	+36 +4	+56 +4	+81 0	+130 0	+210 0	+320 0	+520 0	+810 0
315	400	+7 -18	±18	+29 -28			+22 +4	+29 +4	+40 +4	+61 +4	+89 0	+140 0	+230 0	+360 0	+570 0	+890 0
400	500	+7 -20	±20	+31 -32			+25 +5	+32 +5	+45 +5	+68 +5	+97 0	+155 0	+250 0	+400 0	+630 0	+970 0
500	630								+44 0	+70 0	+110 0	+175 0	+280 0	+440 0	+700 0	+1 100 0
630	800								+50 0	+80 0	+125 0	+200 0	+320 0	+500 0	+800 0	+1 250 0

续表

公称尺寸/mm		j				k										
大于	至	5[a]	6[a]	7[a]	8	3	4	5	6	7	8	9	10	11	12	13
800	1 000								+56 0	+90 0	+140 0	+230 0	+360 0	+560 0	+900 0	+1 400 0
1 000	1 250								+66 0	+105 0	+165 0	+260 0	+420 0	+660 0	+1 050 0	+1 650 0
1 250	1 600								+78 0	+125 0	+195 0	+310 0	+500 0	+780 0	+1 250 0	+1 950 0
1 600	2 000								+92 0	+150 0	+230 0	+370 0	+600 0	+920 0	+1 500 0	+2 300 0
2 000	2 500								+110 0	+175 0	+280 0	+440 0	+700 0	+1 100 0	+1 750 0	+2 800 0
2 500	3 150								+135 0	+210 0	+330 0	+540 0	+860 0	+1 350 0	+2 100 0	+3 300 0

表中公差带代号 j5、j6 和 j7 的某些极限偏差与公差带代号 js5、js6 和 js7 一样用"$\pm x$"表示。

轴的极限偏差(基本偏差 m 和 n)

上极限偏差 = es

下极限偏差 = ei

偏差单位为微米(μm)

公称尺寸/mm		m							n						
大于	至	3	4	5	6	7	8	9	3	4	5	6	7	8	9
—	3	+4 +2	+5 +2	+6 +2	+8 +2	+12 +2	+16 +2	+27 +2	+6 +4	+7 +4	+8 +4	+10 +4	+14 +4	+18 +4	+29 +4
3	6	+6.5 +4	+8 +4	+9 +4	+12 +4	+16 +4	+22 +4	+34 +4	+10.5 +8	+12 +8	+13 +8	+16 +8	+20 +8	+26 +8	+38 +8
6	10	+8.5 +6	+10 +6	+12 +6	+15 +6	+21 +6	+28 +6	+42 +6	+12.5 +10	+14 +10	+16 +10	+19 +10	+25 +10	+32 +10	+46 +10
10	18	+10 +7	+12 +7	+15 +7	+18 +7	+25 +7	+34 +7	+50 +7	+15 +12	+17 +12	+20 +12	+23 +12	+30 +12	+39 +12	+55 +12
18	30	+12 +8	+14 +8	+17 +8	+21 +8	+29 +8	+41 +8	+60 +8	+19 +15	+21 +15	+24 +15	+28 +15	+36 +15	+48 +15	+67 +15

续表

公称尺寸/mm		m							n						
大于	至	3	4	5	6	7	8	9	3	4	5	6	7	8	9
30	50	+13 +9	+16 +9	+20 +9	+25 +9	+34 +9	+48 +9	+71 +9	+21 +17	+24 +17	+28 +17	+33 +17	+42 +17	+56 +17	+79 +17
50	80		+19 +11	+24 +11	+30 +11	+41 +11				+28 +20	+33 +20	+39 +20	+50 +20		
80	120		+23 +13	+28 +13	+35 +13	+48 +13				+33 +23	+38 +23	+45 +23	+58 +23		
120	180		+27 +15	+33 +15	+40 +15	+55 +15				+39 +27	+45 +27	+52 +27	+67 +27		
180	250		+31 +17	+37 +17	+46 +17	+63 +17				+45 +31	+51 +31	+60 +31	+77 +31		
250	315		+36 +20	+43 +20	+52 +20	+72 +20				+50 +34	+57 +34	+66 +34	+86 +34		
315	400		+39 +21	+46 +21	+57 +21	+78 +21				+55 +37	+62 +37	+73 +37	+94 +37		
400	500		+43 +23	+50 +23	+63 +23	+86 +23				+60 +40	+67 +40	+80 +40	+103 +40		
500	630				+70 +26	+96 +26						+88 +44	+114 +44		
630	800				+80 +30	+110 +30						+100 +50	+130 +50		
800	1 000				+90 +34	+124 +34						+112 +56	+146 +56		
1 000	1 250				+106 +40	+145 +40						+132 +66	+171 +66		
1 250	1 600				+126 +48	+173 +48						+156 +78	+203 +78		
1 600	2 000				+150 +58	+208 +58						+184 +92	+242 +92		
2 000	2 500				+178 +68	+243 +68						+220 +110	+285 +110		
2 500	3 150				+211 +76	+286 +76						+270 +135	+345 +135		

轴的极限偏差（基本偏差 p）

上极限偏差 = es

下极限偏差 = ei

偏差单位为微米（μm）

公称尺寸/mm		p							
大于	至	3	4	5	6	7	8	9	10
—	3	+8 +6	+9 +6	+10 +6	+12 +6	+16 +6	+20 +6	+31 +6	+46 +6
3	6	+14.5 +12	+16 +12	+17 +12	+20 +12	+24 +12	+30 +12	+42 +12	+60 +12
6	10	+17.5 +15	+19 +15	+21 +15	+24 +15	+30 +15	+37 +15	+51 +15	+73 +15
10	18	+21 +18	+23 +18	+26 +18	+29 +18	+36 +18	+45 +18	+61 +18	+88 +18
18	30	+26 +22	+28 +22	+31 +22	+35 +22	+43 +22	+55 +22	+74 +22	+106 +22
30	50	+30 +26	+33 +26	+37 +26	+42 +26	+51 +26	+65 +26	+88 +26	+126 +26
50	80		+40 +32	+45 +32	+51 +32	+62 +32	+78 +32		
80	120		+47 +37	+52 +37	+59 +37	+72 +37	+91 +37		
120	180		+55 +43	+61 +43	+68 +43	+83 +43	+106 +43		
180	250		+64 +50	+70 +50	+79 +50	+96 +50	+122 +50		
250	315		+72 +56	+79 +56	+88 +56	+108 +56	+137 +56		
315	400		+80 +62	+87 +62	+98 +62	+119 +62	+151 +62		
400	500		+88 +68	+95 +68	+108 +68	+131 +68	+165 +68		
500	630				+122 +78	+148 +78	+188 +78		
630	800				+138 +88	+168 +88	+213 +88		

续表

公称尺寸/mm		p							
大于	至	3	4	5	6	7	8	9	10
800	1 000				+156 +100	+190 +100	+240 +100		
1 000	1 250				+186 +120	+225 +120	+285 +120		
1 250	1 600				+218 +140	+265 +140	+335 +140		
1 600	2 000				+262 +170	+320 +170	+400 +170		
2 000	2 500				+305 +195	+370 +195	+475 +195		
2 500	3 150				+375 +240	+450 +240	+570 +240		

轴的极限偏差(基本偏差 r)

上极限偏差 $= es$

下极限偏差 $= ei$

偏差单位为微米(μm)

公称尺寸/mm		r							
大于	至	3	4	5	6	7	8	9	10
—	3	+12 +10	+13 +10	+14 +10	+16 +10	+20 +10	+24 +10	+35 +10	+50 +10
3	6	+17.5 +15	+19 +15	+20 +15	+23 +15	+27 +15	+33 +15	+45 +15	+63 +15
6	10	+21.5 +19	+23 +19	+25 +19	+28 +19	+34 +19	+41 +19	+55 +19	+77 +19
10	18	+26 +23	+28 +23	+31 +23	+34 +23	+41 +23	+50 +23	+66 +23	+93 +23
18	30	+32 +28	+34 +28	+37 +28	+41 +28	+49 +28	+61 +28	+80 +28	+112 +28
30	50	+38 +34	+41 +34	+45 +34	+50 +34	+59 +34	+73 +34	+96 +34	+134 +34

续表

公称尺寸/mm		r							
大于	至	3	4	5	6	7	8	9	10
50	65		+49 +41	+54 +41	+60 +41	+71 +41	+87 +41		
65	80		+51 +43	+56 +43	+62 +43	+73 +43	+89 +43		
80	100		+61 +51	+66 +51	+73 +51	+86 +51	+105 +51		
100	120		+64 +54	+69 +54	+76 +54	+89 +54	+108 +54		
120	140		+75 +63	+81 +63	+88 +63	+103 +63	+126 +63		
140	160		+77 +65	+83 +65	+90 +65	+105 +65	+128 +65		
160	180		+80 +68	+86 +68	+93 +68	+108 +68	+131 +68		
180	200		+91 +77	+97 +77	+106 +77	+123 +77	+149 +77		
200	225		+94 +80	+100 +80	+109 +80	+126 +80	+152 +80		
225	250		+98 +84	+104 +84	+113 +84	+130 +84	+156 +84		
250	280		+110 +94	+117 +94	+126 +94	+146 +94	+175 +94		
280	315		+114 +98	+121 +98	+130 +98	+150 +98	+179 +98		
315	355		+126 +108	+133 +108	+144 +108	+165 +108	+197 +108		
355	400		+132 +114	+139 +114	+150 +114	+171 +114	+203 +114		
400	450		+146 +126	+153 +126	+166 +126	+189 +126	+223 +126		
450	500		+152 +132	+159 +132	+172 +132	+195 +132	+229 +132		

公称尺寸/mm					r				
大于	至	3	4	5	6	7	8	9	10
500	560				+194 +150	+220 +150	+260 +150		
560	630				+199 +155	+225 +155	+265 +155		
630	710				+225 +175	+255 +175	+300 +175		
710	800				+235 +185	+265 +185	+310 +185		
800	900				+266 +210	+300 +210	+350 +210		
900	1 000				+276 +220	+310 +220	+360 +220		
1 000	1 120				+316 +250	+355 +250	+415 +250		
1 120	1 250				+326 +260	+365 +260	+425 +260		
1 250	1 400				+378 +300	+425 +300	+495 +300		
1 400	1 600				+408 +330	+455 +330	+525 +330		
1 600	1 800				+462 +370	+520 +370	+600 +370		
1 800	2 000				+492 +400	+550 +400	+630 +400		
2 000	2 240				+550 +440	+615 +440	+720 +440		
2 240	2 500				+570 +460	+635 +460	+740 +460		
2 500	2 800				+685 +550	+760 +550	+880 +550		
2 800	3 150				+715 +580	+790 +580	+910 +580		

轴的极限偏差（基本偏差 s）

上极限偏差 = es

下极限偏差 = ei

偏差单位为微米（μm）

公称尺寸/mm		s							
大于	至	3	4	5	6	7	8	9	10
—	3	+16 +14	+17 +14	+18 +14	+20 +14	+24 +14	+28 +14	+39 +14	+54 +14
3	6	+21.5 +19	+23 +19	+24 +19	+27 +19	+31 +19	+37 +19	+49 +19	+67 +19
6	10	+25.5 +23	+27 +23	+29 +23	+32 +23	+38 +23	+45 +23	+59 +23	+81 +23
10	18	+31 +28	+33 +28	+36 +28	+39 +28	+46 +28	+55 +28	+71 +28	+98 +28
18	30	+39 +35	+41 +35	+44 +35	+48 +35	+56 +35	+68 +35	+87 +35	+119 +35
30	50	+47 +43	+50 +43	+54 +43	+59 +43	+68 +43	+82 +43	+105 +43	+143 +43
50	65		+61 +53	+66 +53	+72 +53	+83 +53	+99 +53	+127 +53	
65	80		+67 +59	+72 +59	+78 +59	+89 +59	+105 +59	+133 +59	
80	100		+81 +71	+86 +71	+93 +71	+106 +71	+125 +71	+158 +71	
100	120		+89 +79	+94 +79	+101 +79	+114 +79	+133 +79	+166 +79	
120	140		+104 +92	+110 +92	+117 +92	+132 +92	+155 +92	+192 +92	
140	160		+112 +100	+118 +100	+125 +100	+140 +100	+163 +100	+200 +100	
160	180		+120 +108	+126 +108	+133 +108	+148 +108	+171 +108	+208 +108	
180	200		+136 +122	+142 +122	+151 +122	+168 +122	+194 +122	+237 +122	
200	225		+144 +130	+150 +130	+159 +130	+176 +130	+202 +130	+245 +130	

续表

公称尺寸/mm		s							
大于	至	3	4	5	6	7	8	9	10
225	250		+154 +140	+160 +140	+169 +140	+186 +140	+212 +140	+255 +140	
250	280		+174 +158	+181 +158	+190 +158	+210 +158	+239 +158	+288 +158	
280	315		+186 +170	+193 +170	+202 +170	+222 +170	+251 +170	+300 +170	
315	355		+208 +190	+215 +190	+226 +190	+247 +190	+279 +190	+330 +190	
355	400		+226 +208	+233 +208	+244 +208	+265 +208	+297 +208	+348 +208	
400	450		+252 +232	+259 +232	+272 +232	+295 +232	+329 +232	+387 +232	
450	500		+272 +252	+279 +252	+292 +252	+315 +252	+349 +252	+407 +252	
500	560				+324 +280	+350 +280	+390 +280		
560	630				+354 +310	+380 +310	+420 +310		
630	710				+390 +340	+420 +340	+465 +340		
710	800				+430 +380	+460 +380	+505 +380		
800	900				+486 +430	+520 +430	+570 +430		
900	1 000				+526 +470	+560 +470	+610 +470		
1 000	1 120				+586 +520	+625 +520	+685 +520		
1 120	1 250				+646 +580	+685 +580	+745 +580		
1 250	1 400				+718 +640	+765 +640	+835 +640		

续表

公称尺寸/mm		s							
大于	至	3	4	5	6	7	8	9	10
1 400	1 600				+798 +720	+845 +720	+915 +720		
1 600	1 800				+912 +820	+970 +820	+1 050 +820		
1 800	2 000				+1 012 +920	+1 070 +920	+1 150 +920		
2 000	2 240				+1 110 +1 000	+1 175 +1 000	+1 280 +1 000		
2 240	2 500				+1 210 +1 100	+1 275 +1 100	+1 380 +1 100		
2 500	2 800				+1 385 +1 250	+1 460 +1 250	+1 580 +1 250		
2 800	3 150				+1 535 +1 400	+1 610 +1 400	+1 730 +1 400		

轴的极限偏差(基本偏差 t 和 u)[a]

上极限偏差 = es

下极限偏差 = ei

偏差单位为微米(μm)

公称尺寸/mm		t[a]				u				
大于	至	5	6	7	8	5	6	7	8	9
—	3					+22 +18	+24 +18	+28 +18	+32 +18	+43 +18
3	6					+28 +23	+31 +23	+35 +23	+41 +23	+53 +23
6	10					+34 +28	+37 +28	+43 +28	+50 +28	+64 +28
10	18					+41 +33	+44 +33	+51 +33	+60 +33	+76 +33
18	24					+50 +41	+54 +41	+62 +41	+74 +41	+93 +41
24	30	+50 +41	+54 +41	+62 +41	+74 +41	+57 +48	+61 +48	+69 +48	+81 +48	+100 +48

续表

公称尺寸/mm		t^a				u				
大于	至	5	6	7	8	5	6	7	8	9
30	40	+59 +48	+64 +48	+73 +48	+87 +48	+71 +60	+76 +60	+85 +60	+99 +60	+122 +60
40	50	+65 +54	+70 +54	+79 +54	+93 +54	+81 +70	+86 +70	+95 +70	+109 +70	+132 +70
50	65	+79 +66	+85 +66	+96 +66	+112 +66	+100 +87	+106 +87	+117 +87	+133 +87	+161 +87
65	80	+88 +75	+94 +75	+105 +75	+121 +75	+115 +102	+121 +102	+132 +102	+148 +102	+176 +102
80	100	+106 +91	+113 +91	+126 +91	+145 +91	+139 +124	+146 +124	+159 +124	+178 +124	+211 +124
100	120	+119 +104	+126 +104	+139 +104	+158 +104	+159 +144	+166 +144	+179 +144	+198 +144	+231 +144
120	140	+140 +122	+147 +122	+162 +122	+185 +122	+188 +170	+195 +170	+210 +170	+233 +170	+270 +170
140	160	+152 +134	+159 +134	+174 +134	+197 +134	+208 +190	+215 +190	+230 +190	+253 +190	+290 +190
160	180	+164 +146	+171 +146	+186 +146	+209 +146	+228 +210	+235 +210	+250 +210	+273 +210	+310 +210
180	200	+186 +166	+195 +166	+212 +166	+238 +166	+256 +236	+265 +236	+282 +236	+308 +236	+351 +236
200	225	+200 +180	+209 +180	+226 +180	+252 +180	+278 +258	+287 +258	+304 +258	+330 +258	+373 +258
225	250	+216 +196	+225 +196	+242 +196	+268 +196	+304 +284	+313 +284	+330 +284	+356 +284	+399 +284
250	280	+241 +218	+250 +218	+270 +218	+299 +218	+338 +315	+347 +315	+367 +315	+396 +315	+445 +315
280	315	+263 +240	+272 +240	+292 +240	+321 +240	+373 +350	+382 +350	+402 +350	+431 +350	+480 +350
315	355	+293 +268	+304 +268	+325 +268	+357 +268	+415 +390	+426 +390	+447 +390	+479 +390	+530 +390
355	400	+319 +294	+330 +294	+351 +294	+383 +294	+460 +435	+471 +435	+492 +435	+524 +435	+575 +435

续表

公称尺寸/mm		t^a				u				
大于	至	5	6	7	8	5	6	7	8	9
400	450	+357 +330	+370 +330	+393 +330	+427 +330	+517 +490	+530 +490	+553 +490	+587 +490	+645 +490
450	500	+387 +360	+400 +360	+423 +360	+457 +360	+567 +540	+580 +540	+603 +540	+637 +540	+695 +540
500	560		+444 +400	+470 +400			+644 +600	+670 +600	+710 +600	
560	630		+494 +450	+520 +450			+704 +660	+730 +660	+770 +660	
630	710		+550 +500	+580 +500			+790 +740	+820 +740	+865 +740	
710	800		+610 +560	+640 +560			+890 +840	+920 +840	+965 +840	
800	900		+676 +620	+710 +620			+996 +940	+1 030 +940	+1 080 +940	
900	1 000		+736 +680	+770 +680			+1 106 +1 050	+1 140 +1 050	+1 190 +1 050	
1 000	1 120		+846 +780	+885 +780			+1 216 +1 150	+1 255 +1 150	+1 315 +1 150	
1 120	1 250		+906 +840	+945 +840			+1 366 +1 300	+1 405 +1 300	+1 465 +1 300	
1 250	1 400		+1 038 +960	+1 085 +960			+1 528 +1 450	+1 575 +1 450	+1 645 +1 450	
1 400	1 600		+1 128 +1 050	+1 175 +1 050			+1 678 +1 600	+1 725 +1 600	+1 795 +1 600	
1 600	1 800		+1 292 +1 200	+1 350 +1 200			+1 942 +1 850	+2 000 +1 850	+2 080 +1 850	
1 800	2 000		+1 442 +1 350	+1 500 +1 350			+2 092 +2 000	+2 150 +2 000	+2 230 +2 000	
2 000	2 240		+1 610 +1 500	+1 675 +1 500			+2 410 +2 300	+2 475 +2 300	+2 580 +2 300	
2 240	2 500		+1 760 +1 650	+1 825 +1 650			+2 610 +2 500	+2 675 +2 500	+2 780 +2 500	

续表

公称尺寸/mm		t^a				u				
大于	至	5	6	7	8	5	6	7	8	9
2 500	2 800		+2 035 +1 900	+2 110 +1 900			+3 035 +2 900	+3 110 +2 900	+3 230 +2 900	
2 800	3 150		+2 235 +2 100	+2 310 +2 100			+3 335 +3 200	+3 410 +3 200	+3 530 +3 200	

公称尺寸至24 mm 的公差带代号 t5 ~ t8 的偏差数值没有列入表中。建议用公差带代号 u5 ~ u8 替代。

轴的极限偏差(基本偏差 v、x 和 y)^a

上极限偏差 = es

下极限偏差 = ei

偏差单位为微米(μm)

公称尺寸/mm		v^b				x						y^c				
大于	至	5	6	7	8	5	6	7	8	9	10	6	7	8	9	10
—	3					+24 +20	+26 +20	+30 +20	+34 +20	+45 +20	+60 +20					
3	6					+33 +28	+36 +28	+40 +28	+46 +28	+58 +28	+76 +28					
6	10					+40 +34	+43 +34	+49 +34	+56 +34	+70 +34	+92 +34					
10	14					+48 +40	+51 +40	+58 +40	+67 +40	+83 +40	+110 +40					
14	18	+47 +39	+50 +39	+57 +39	+66 +39	+53 +45	+56 +45	+63 +45	+72 +45	+88 +45	+115 +45					
18	24	+56 +47	+60 +47	+68 +47	+80 +47	+63 +54	+67 +54	+75 +54	+87 +54	+106 +54	+138 +54	+76 +63	+84 +63	+96 +63	+115 +63	+147 +63
24	30	+64 +55	+68 +55	+76 +55	+88 +55	+73 +64	+77 +64	+85 +64	+97 +64	+116 +64	+148 +64	+88 +75	+96 +75	+108 +75	+127 +75	+159 +75
30	40	+79 +68	+84 +68	+93 +68	+107 +68	+91 +80	+96 +80	+105 +80	+119 +80	+142 +80	+180 +80	+110 +94	+119 +94	+133 +94	+156 +94	+194 +94
40	50	+92 +81	+97 +81	+106 +81	+120 +81	+108 +97	+113 +97	+122 +97	+136 +97	+159 +97	+197 +97	+130 +114	+139 +114	+153 +114	+176 +114	+214 +114
50	65	+115 +102	+121 +102	+132 +102	+148 +102	+135 +122	+141 +122	+152 +122	+168 +122	+196 +122	+242 +122	+163 +144	+174 +144	+190 +144		
65	80	+133 +120	+139 +120	+150 +120	+166 +120	+159 +146	+165 +146	+176 +146	+192 +146	+220 +146	+266 +146	+193 +174	+204 +174	+220 +174		

续表

公称尺寸 /mm		v^b				x						y^c				
大于	至	5	6	7	8	5	6	7	8	9	10	6	7	8	9	10
80	100	+161 +146	+168 +146	+181 +146	+200 +146	+193 +178	+200 +178	+213 +178	+232 +178	+265 +178	+318 +178	+236 +214	+249 +214	+268 +214		
100	120	+187 +172	+194 +172	+207 +172	+226 +172	+225 +210	+232 +210	+245 +210	+264 +210	+297 +210	+350 +210	+276 +254	+289 +254	+308 +254		
120	140	+220 +202	+227 +202	+242 +202	+265 +202	+266 +248	+273 +248	+288 +248	+311 +248	+348 +248	+408 +248	+325 +300	+340 +300	+363 +300		
140	160	+246 +228	+253 +228	+268 +228	+291 +228	+298 +280	+305 +280	+320 +280	+343 +280	+380 +280	+440 +280	+365 +340	+380 +340	+403 +340		
160	180	+270 +252	+277 +252	+292 +252	+315 +252	+328 +310	+335 +310	+350 +310	+373 +310	+410 +310	+470 +310	+405 +380	+420 +380	+443 +380		
180	200	+304 +284	+313 +284	+330 +284	+356 +284	+370 +350	+379 +350	+396 +350	+422 +350	+465 +350	+535 +350	+454 +425	+471 +425	+497 +425		
200	225	+330 +310	+339 +310	+356 +310	+382 +310	+405 +385	+414 +385	+431 +385	+457 +385	+500 +385	+570 +385	+499 +470	+516 +470	+542 +470		
225	250	+360 +340	+369 +340	+386 +340	+412 +340	+445 +425	+454 +425	+471 +425	+497 +425	+540 +425	+610 +425	+549 +520	+566 +520	+592 +520		
250	280	+408 +385	+417 +385	+437 +385	+466 +385	+498 +475	+507 +475	+527 +475	+556 +475	+605 +475	+685 +475	+612 +580	+632 +580	+661 +580		
280	315	+448 +425	+457 +425	+477 +425	+506 +425	+548 +525	+557 +525	+577 +525	+606 +525	+655 +525	+735 +525	+682 +650	+702 +650	+731 +650		
315	355	+500 +475	+511 +475	+532 +475	+564 +475	+615 +590	+626 +590	+647 +590	+679 +590	+730 +590	+820 +590	+766 +730	+787 +730	+819 +730		
355	400	+555 +530	+566 +530	+587 +530	+619 +530	+685 +660	+696 +660	+717 +660	+749 +660	+800 +660	+890 +660	+856 +820	+877 +820	+909 +820		
400	450	+622 +595	+635 +595	+658 +595	+692 +595	+767 +740	+780 +740	+803 +740	+837 +740	+895 +740	+990 +740	+960 +920	+983 +920	+1 017 +920		
450	500	+687 +660	+700 +660	+723 +660	+757 +660	+847 +820	+860 +820	+883 +820	+917 +820	+975 +820	+1 070 +820	+1 040 +1 000	+1 063 +1 000	+1 097 +1 000		

公称尺寸大于 500 mm 的 v、x 和 y 的基本偏差数值没有列入表中。

公称尺寸至 14 mm 的公差带代号 v5 ~ v8 的偏差数值没有列入表中，建议以公差带代号 x5 ~ x8 替代。

公称尺寸至 18 mm 的公差带代号 y6 ~ y10 的偏差数值没有列入表中，建议以公差带代号 z6 ~ z10 替代。

轴的极限偏差(基本偏差 z 和 za)[a]

上极限偏差 $= es$

下极限偏差 $= ei$

偏差单位为微米(μm)

公称尺寸 /mm		z						za					
大于	至	6	7	8	9	10	11	6	7	8	9	10	11
—	3	+32 +26	+36 +26	+40 +26	+51 +26	+66 +26	+86 +26	+38 +32	+42 +32	+46 +32	+57 +32	+72 +32	+92 +32
3	6	+43 +35	+47 +35	+53 +35	+65 +35	+83 +35	+110 +35	+50 +42	+54 +42	+60 +42	+72 +42	+90 +42	+117 +42
6	10	+51 +42	+57 +42	+64 +42	+78 +42	+100 +42	+132 +42	+61 +52	+67 +52	+74 +52	+88 +52	+110 +52	+142 +52
10	14	+61 +50	+68 +50	+77 +50	+93 +50	+120 +50	+160 +50	+75 +64	+82 +64	+91 +64	+107 +64	+134 +64	+174 +64
14	18	+71 +60	+78 +60	+87 +60	+103 +60	+130 +60	+170 +60	+88 +77	+95 +77	+104 +77	+120 +77	+147 +77	+187 +77
18	24	+86 +73	+94 +73	+106 +73	+125 +73	+157 +73	+203 +73	+111 +98	+119 +98	+131 +98	+150 +98	+182 +98	+228 +98
24	30	+101 +88	+109 +88	+121 +88	+140 +88	+172 +88	+218 +88	+131 +118	+139 +118	+151 +118	+170 +118	+202 +118	+248 +118
30	40	+128 +112	+137 +112	+151 +112	+174 +112	+212 +112	+272 +112	+164 +148	+173 +148	+187 +148	+210 +148	+248 +148	+308 +148
40	50	+152 +136	+161 +136	+175 +136	+198 +136	+236 +136	+296 +136	+196 +180	+205 +180	+219 +180	+242 +180	+280 +180	+340 +180
50	65	+191 +172	+202 +172	+218 +172	+246 +172	+292 +172	+362 +172	+245 +226	+256 +226	+272 +226	+300 +226	+346 +226	+416 +226
65	80	+229 +210	+240 +210	+256 +210	+284 +210	+330 +210	+400 +210	+293 +274	+304 +274	+320 +274	+348 +274	+394 +274	+464 +274
80	100	+280 +258	+293 +258	+312 +258	+345 +258	+398 +258	+478 +258	+357 +335	+370 +335	+389 +335	+422 +335	+475 +335	+555 +335
100	120	+332 +310	+345 +310	+364 +310	+397 +310	+450 +310	+530 +310	+422 +400	+435 +400	+454 +400	+487 +400	+540 +400	+620 +400
120	140	+390 +365	+405 +365	+428 +365	+465 +365	+525 +365	+615 +365	+495 +470	+510 +470	+533 +470	+570 +470	+630 +470	+720 +470
140	160	+440 +415	+455 +415	+478 +415	+515 +415	+575 +415	+665 +415	+560 +535	+575 +535	+598 +535	+635 +535	+695 +535	+785 +535
160	180	+490 +465	+505 +465	+528 +465	+565 +465	+625 +465	+715 +465	+625 +600	+640 +600	+663 +600	+700 +600	+760 +600	+850 +600
180	200	+549 +520	+566 +520	+592 +520	+635 +520	+705 +520	+810 +520	+699 +670	+716 +670	+742 +670	+785 +670	+855 +670	+960 +670

续表

公称尺寸 /mm		z						za					
大于	至	6	7	8	9	10	11	6	7	8	9	10	11
200	225	+604 +575	+621 +575	+647 +575	+690 +575	+760 +575	+865 +575	+769 +740	+786 +740	+812 +740	+855 +740	+925 +740	+1 030 +740
225	250	+669 +640	+686 +640	+712 +640	+755 +640	+825 +640	+930 +640	+849 +820	+866 +820	+892 +820	+935 +820	+1 005 +820	+1 100 +820
250	280	+742 +710	+762 +710	+791 +710	+840 +710	+920 +710	+1 030 +710	+952 +920	+972 +920	+1 001 +920	+1 050 +920	+1 130 +920	+1 240 +920
280	315	+822 +790	+842 +790	+871 +790	+920 +790	+1 000 +790	+1 110 +790	+1 032 +1 000	+1 052 +1 000	+1 081 +1 000	+1 130 +1 000	+1 210 +1 000	+1 320 +1 000
315	355	+936 +900	+957 +900	+989 +900	+1 040 +900	+1 130 +900	+1 260 +900	+1 186 +1 150	+1 207 +1 150	+1 239 +1 150	+1 290 +1 150	+1 380 +1 150	+1 510 +1 150
355	400	+1 036 +1 000	+1 057 +1 000	+1 089 +1 000	+1 140 +1 000	+1 230 +1 000	+1 360 +1 000	+1 336 +1 300	+1 357 +1 300	+1 389 +1 300	+1 440 +1 300	+1 530 +1 300	+1 660 +1 300
400	450	+1 140 +1 100	+1 163 +1 100	+1 197 +1 100	+1 255 +1 100	+1 350 +1 100	+1 500 +1 100	+1 490 +1 450	+1 513 +1 450	+1 547 +1 450	+1 605 +1 450	+1 700 +1 450	+1 850 +1 450
450	500	+1 290 +1 250	+1 313 +1 250	+1 347 +1 250	+1 405 +1 250	+1 500 +1 250	+1 650 +1 250	+1 640 +1 600	+1 663 +1 600	+1 697 +1 600	+1 755 +1 600	+1 850 +1 600	+2 000 +1 600

公称尺寸大于 500 mm 的 z 和 za 的基本偏差数值没有列入表中。

轴的极限偏差（基本偏差 zb 和 zc）[a]

上极限偏差 $= es$

下极限偏差 $= ei$

偏差单位为微米（μm）

公称尺寸 /mm		zb					zc				
大于	至	7	8	9	10	11	7	8	9	10	11
—	3	+50 +40	+54 +40	+65 +40	+80 +40	+100 +40	+70 +60	+74 +60	+85 +60	+100 +60	+120 +60
3	6	+62 +50	+68 +50	+80 +50	+98 +50	+125 +50	+92 +80	+98 +80	+110 +80	+128 +80	+155 +80
6	10	+82 +67	+89 +67	+103 +67	+125 +67	+157 +67	+112 +97	+119 +97	+133 +97	+155 +97	+187 +97
10	14	+108 +90	+117 +90	+133 +90	+160 +90	+200 +90	+148 +130	+157 +130	+173 +130	+200 +130	+240 +130

公称尺寸 /mm		zb					zc				
大于	至	7	8	9	10	11	7	8	9	10	11
14	18	+126 +108	+135 +108	+151 +108	+178 +108	+218 +108	+168 +150	+177 +150	+193 +150	+220 +150	+260 +150
18	24	+157 +136	+169 +136	+188 +136	+220 +136	+266 +136	+209 +188	+221 +188	+240 +188	+272 +188	+318 +188
24	30	+181 +160	+193 +160	+212 +160	+244 +160	+290 +160	+239 +218	+251 +218	+270 +218	+302 +218	+348 +218
30	40	+225 +200	+239 +200	+262 +200	+300 +200	+360 +200	+299 +274	+313 +274	+336 +274	+374 +274	+434 +274
40	50	+267 +242	+281 +242	+304 +242	+342 +242	+402 +242	+350 +325	+364 +325	+387 +325	+425 +325	+485 +325
50	65	+330 +300	+346 +300	+374 +300	+420 +300	+490 +300	+435 +405	+451 +405	+479 +405	+525 +405	+595 +405
65	80	+390 +360	+406 +360	+434 +360	+480 +360	+550 +360	+510 +480	+526 +480	+554 +480	+600 +480	+670 +480
80	100	+480 +445	+499 +445	+532 +445	+585 +445	+665 +445	+620 +585	+639 +585	+672 +585	+725 +585	+805 +585
100	120	+560 +525	+579 +525	+612 +525	+665 +525	+745 +525	+725 +690	+744 +690	+777 +690	+830 +690	+910 +690
120	140	+660 +620	+683 +620	+720 +620	+780 +620	+870 +620	+840 +800	+863 +800	+900 +800	+960 +800	+1 050 +800
140	160	+740 +700	+763 +700	+800 +700	+860 +700	+950 +700	+940 +900	+963 +900	+1 000 +900	+1 060 +900	+1 150 +900
160	180	+820 +780	+843 +780	+880 +780	+940 +780	+1 030 +780	+1 040 +1 000	+1 063 +1 000	+1 100 +1 000	+1 160 +1 000	+1 250 +1 000
180	200	+926 +880	+952 +880	+995 +880	+1 065 +880	+1 170 +880	+1 196 +1 150	+1 222 +1 150	+1 265 +1 150	+1 335 +1 150	+1 440 +1 150
200	225	+1 006 +960	+1 032 +960	+1 075 +960	+1 145 +960	+1 250 +960	+1 296 +1 250	+1 322 +1 250	+1 365 +1 250	+1 435 +1 250	+1 540 +1 250
225	250	+1 096 +1 050	+1 122 +1 050	+1 165 +1 050	+1 235 +1 050	+1 340 +1 050	+1 396 +1 350	+1 422 +1 350	+1 465 +1 350	+1 535 +1 350	+1 640 +1 350
250	280	+1 252 +1 200	+1 281 +1 200	+1 330 +1 200	+1 410 +1 200	+1 520 +1 200	+1 602 +1 550	+1 631 +1 550	+1 680 +1 550	+1 760 +1 550	+1 870 +1 550

续表

公称尺寸 /mm		zb					zc				
大于	至	7	8	9	10	11	7	8	9	10	11
280	315	+1 352	+1 381	+1 430	+1 510	+1 620	+1 752	+1 781	+1 830	+1 910	+2 020
		+1 300	+1 300	+1 300	+1 300	+1 300	+1 700	+1 700	+1 700	+1 700	+1 700
315	355	+1 557	+1 589	+1 640	+1 730	+1 860	+1 957	+1 989	+2 040	+2 130	+2 260
		+1 500	+1 500	+1 500	+1 500	+1 500	+1 900	+1 900	+1 900	+1 900	+1 900
355	400	+1 707	+1 739	+1 790	+1 880	+2 010	+2 157	+2 189	+2 240	+2 330	+2 460
		+1 650	+1 650	+1 650	+1 650	+1 650	+2 100	+2 100	+2 100	+2 100	+2 100
400	450	+1 913	+1 947	+2 005	+2 100	+2 250	+2 463	+2 497	+2 555	+2 650	+2 800
		+1 850	+1 850	+1 850	+1 850	+1 850	+2 400	+2 400	+2 400	+2 400	+2 400
450	500	+2 163	+2 197	+2 255	+2 350	+2 500	+2 663	+2 697	+2 755	+2 850	+3 000
		+2 100	+2 100	+2 100	+2 100	+2 100	+2 600	+2 600	+2 600	+2 600	+2 600

公称尺寸大于 500 mm 的 zb 和 zc 的基本偏差数值没有列入表中。

附录 B　孔的极限偏差（GB/T 1800.2—2020）

孔的极限偏差（基本偏差 A、B 和 C）ᵃ

上极限偏差（基本偏差）= ES
下极限偏差 = EI

偏差单位为微米（μm）

公称尺寸/mm		Aᵇ					Bᵇ						C					
大于	至	9	10	11	12	13	8	9	10	11	12	13	8	9	10	11	12	13
—	3ᵇ	+295 / +270	+310 / +270	+330 / +270	+370 / +270	+410 / +270	+154 / +140	+165 / +140	+180 / +140	+200 / +140	+240 / +140	+280 / +140	+74 / +60	+85 / +60	+100 / +60	+120 / +60	+160 / +60	+200 / +60
3	6	+300 / +270	+318 / +270	+345 / +270	+390 / +270	+450 / +270	+158 / +140	+170 / +140	+188 / +140	+215 / +140	+260 / +140	+320 / +140	+88 / +70	+100 / +70	+118 / +70	+145 / +70	+190 / +70	+250 / +70
6	10	+316 / +280	+338 / +280	+370 / +280	+430 / +280	+500 / +280	+172 / +150	+186 / +150	+208 / +150	+240 / +150	+300 / +150	+370 / +150	+102 / +80	+116 / +80	+138 / +80	+170 / +80	+230 / +80	+300 / +80
10	18	+333 / +290	+360 / +290	+400 / +290	+470 / +290	+560 / +290	+177 / +150	+193 / +150	+220 / +150	+260 / +150	+330 / +150	+420 / +150	+122 / +95	+138 / +95	+165 / +95	+205 / +95	+275 / +95	+365 / +95
18	30	+352 / +300	+384 / +300	+430 / +300	+510 / +300	+630 / +300	+193 / +160	+212 / +160	+244 / +160	+290 / +160	+370 / +160	+490 / +160	+143 / +110	+162 / +110	+194 / +110	+240 / +110	+320 / +110	+440 / +110
30	40	+372 / +310	+410 / +310	+470 / +310	+560 / +310	+700 / +310	+209 / +170	+232 / +170	+270 / +170	+330 / +170	+420 / +170	+560 / +170	+159 / +120	+182 / +120	+220 / +120	+280 / +120	+370 / +120	+510 / +120
40	50	+382 / +320	+420 / +320	+480 / +320	+570 / +320	+710 / +320	+219 / +180	+242 / +180	+280 / +180	+340 / +180	+430 / +180	+570 / +180	+169 / +130	+192 / +130	+230 / +130	+290 / +130	+380 / +130	+520 / +130
50	65	+414 / +340	+460 / +340	+530 / +340	+640 / +340	+800 / +340	+236 / +190	+264 / +190	+310 / +190	+380 / +190	+490 / +190	+650 / +190	+186 / +140	+214 / +140	+260 / +140	+330 / +140	+440 / +140	+600 / +140
65	80	+434 / +360	+480 / +360	+550 / +360	+660 / +360	+820 / +360	+246 / +200	+274 / +200	+320 / +200	+390 / +200	+500 / +200	+660 / +200	+196 / +150	+224 / +150	+270 / +150	+340 / +150	+450 / +150	+610 / +150
80	100	+467 / +380	+520 / +380	+600 / +380	+730 / +380	+920 / +380	+274 / +220	+307 / +220	+360 / +220	+440 / +220	+570 / +220	+760 / +220	+224 / +170	+257 / +170	+310 / +170	+390 / +170	+520 / +170	+710 / +170

续表

公称尺寸/mm		A^b					B^b						C					
大于	至	9	10	11	12	13	8	9	10	11	12	13	8	9	10	11	12	13
100	120	+497 +410	+550 +410	+630 +410	+760 +410	+950 +410	+294 +240	+327 +240	+380 +240	+460 +240	+590 +240	+780 +240	+234 +180	+267 +180	+320 +180	+400 +180	+530 +180	+720 +180
120	140	+560 +460	+620 +460	+710 +460	+860 +460	+1090 +460	+323 +260	+360 +260	+420 +260	+510 +260	+660 +260	+890 +260	+263 +200	+300 +200	+360 +200	+450 +200	+600 +200	+830 +200
140	160	+620 +460	+680 +460	+770 +460	+920 +460	+1150 +460	+343 +280	+380 +280	+440 +280	+530 +280	+680 +280	+910 +280	+273 +210	+310 +210	+370 +210	+460 +210	+610 +210	+840 +210
160	180	+680 +580	+740 +580	+830 +580	+980 +580	+1210 +580	+373 +310	+410 +310	+470 +310	+560 +310	+710 +310	+940 +310	+293 +230	+330 +230	+390 +230	+480 +230	+630 +230	+860 +230
180	200	+775 +660	+845 +660	+950 +660	+1120 +660	+1380 +660	+412 +340	+455 +340	+525 +340	+630 +340	+800 +340	+1060 +340	+312 +240	+355 +240	+425 +240	+530 +240	+700 +240	+960 +240
200	225	+855 +740	+925 +740	+1030 +740	+1200 +740	+1460 +740	+452 +380	+495 +380	+565 +380	+670 +380	+840 +380	+1100 +380	+332 +260	+375 +260	+445 +260	+550 +260	+720 +260	+980 +260
225	250	+935 +820	+1005 +820	+1110 +820	+1280 +820	+1540 +820	+492 +420	+535 +420	+605 +420	+710 +420	+880 +420	+1140 +420	+352 +280	+395 +280	+465 +280	+570 +280	+740 +280	+1000 +280
250	280	+1050 +920	+1130 +920	+1240 +920	+1440 +920	+1730 +920	+561 +480	+610 +480	+690 +480	+800 +480	+1000 +480	+1290 +480	+381 +300	+430 +300	+510 +300	+620 +300	+820 +300	+1110 +300
280	315	+1180 +1050	+1260 +1050	+1370 +1050	+1570 +1050	+1860 +1050	+621 +540	+670 +540	+750 +540	+860 +540	+1060 +540	+1350 +540	+411 +330	+460 +330	+540 +330	+650 +330	+850 +330	+1140 +330
315	355	+1340 +1200	+1430 +1200	+1560 +1200	+1770 +1200	+2090 +1200	+689 +600	+740 +600	+830 +600	+960 +600	+1170 +600	+1490 +600	+449 +360	+500 +360	+590 +360	+720 +360	+930 +360	+1250 +360
355	400	+1490 +1350	+1580 +1350	+1710 +1350	+1920 +1350	+2240 +1350	+769 +680	+820 +680	+910 +680	+1040 +680	+1250 +680	+1570 +680	+489 +400	+540 +400	+630 +400	+760 +400	+970 +400	+1290 +400
400	450	+1655 +1500	+1750 +1500	+1900 +1500	+2130 +1500	+2470 +1500	+857 +760	+915 +760	+1010 +760	+1160 +760	+1390 +760	+1730 +760	+537 +440	+595 +440	+690 +440	+840 +440	+1070 +440	+1410 +440
450	500	+1805 +1650	+1900 +1650	+2050 +1650	+2280 +1650	+2620 +1650	+937 +840	+995 +840	+1090 +840	+1240 +840	+1470 +840	+1810 +840	+577 +480	+635 +480	+730 +480	+880 +480	+1110 +480	+1450 +480

没有给出公称尺寸大于 500 mm 的基本偏差 A、B 和 C。
公称尺寸小于 1 mm 时，各级的 A 和 B 均不采用。

孔的极限偏差（基本偏差 CD、D 和 E）

上极限偏差 = ES
下极限偏差 = EI

偏差单位为微米（μm）

公称尺寸/mm 大于	至	CD[a] 6	CD 7	CD 8	CD 9	CD 10	D 6	D 7	D 8	D 9	D 10	D 11	D 12	D 13	E 5	E 6	E 7	E 8	E 9	E 10
—	3	+40 / +34	+44 / +34	+48 / +34	+59 / +34	+74 / +34	+26 / +20	+30 / +20	+34 / +20	+45 / +20	+60 / +20	+80 / +20	+120 / +20	+160 / +20	+18 / +14	+20 / +14	+24 / +14	+28 / +14	+39 / +14	+54 / +14
3	6	+54 / +46	+58 / +46	+64 / +46	+76 / +46	+94 / +46	+38 / +30	+42 / +30	+48 / +30	+60 / +30	+78 / +30	+105 / +30	+150 / +30	+210 / +30	+25 / +20	+28 / +20	+32 / +20	+38 / +20	+50 / +20	+68 / +20
6	10	+65 / +56	+71 / +56	+78 / +56	+92 / +56	+114 / +56	+49 / +40	+55 / +40	+62 / +40	+76 / +40	+98 / +40	+130 / +40	+190 / +40	+260 / +40	+31 / +25	+34 / +25	+40 / +25	+47 / +25	+61 / +25	+83 / +25
10	18						+61 / +50	+68 / +50	+77 / +50	+93 / +50	+120 / +50	+160 / +50	+230 / +50	+320 / +50	+40 / +32	+43 / +32	+50 / +32	+59 / +32	+75 / +32	+102 / +32
18	30						+78 / +65	+86 / +65	+98 / +65	+117 / +65	+149 / +65	+195 / +65	+275 / +65	+395 / +65	+49 / +40	+53 / +40	+61 / +40	+73 / +40	+92 / +40	+124 / +40
30	50						+96 / +80	+105 / +80	+119 / +80	+142 / +80	+180 / +80	+240 / +80	+330 / +80	+470 / +80	+61 / +50	+66 / +50	+75 / +50	+89 / +50	+112 / +50	+150 / +50
50	80						+119 / +100	+130 / +100	+146 / +100	+174 / +100	+220 / +100	+290 / +100	+400 / +100	+560 / +100	+73 / +60	+79 / +60	+90 / +60	+106 / +60	+134 / +60	+180 / +60
80	120						+142 / +120	+155 / +120	+174 / +120	+207 / +120	+260 / +120	+340 / +120	+470 / +120	+660 / +120	+87 / +72	+94 / +72	+107 / +72	+126 / +72	+159 / +72	+212 / +72
120	180						+170 / +145	+185 / +145	+208 / +145	+245 / +145	+305 / +145	+395 / +145	+545 / +145	+775 / +145	+103 / +85	+110 / +85	+125 / +85	+148 / +85	+185 / +85	+245 / +85
180	250						+199 / +170	+216 / +170	+242 / +170	+285 / +170	+355 / +170	+460 / +170	+630 / +170	+890 / +170	+120 / +100	+129 / +100	+146 / +100	+172 / +100	+215 / +100	+285 / +100

续表

公称尺寸/mm 大于	至	CD6	CD7	CD8	CD9	CD10	D6	D7	D8	D9	D10	D11	D12	D13	E5	E6	E7	E8	E9	E10
250	315						+222/+190	+242/+190	+271/+190	+320/+190	+400/+190	+510/+190	+710/+190	+1 000/+190	+133/+110	+142/+110	+162/+110	+191/+110	+240/+110	+320/+110
315	400						+246/+210	+267/+210	+299/+210	+350/+210	+440/+210	+570/+210	+780/+210	+1 100/+210	+150/+125	+161/+125	+182/+125	+214/+125	+265/+125	+355/+125
400	500						+270/+230	+293/+230	+327/+230	+385/+230	+480/+230	+630/+230	+860/+230	+1 200/+230	+162/+135	+175/+135	+198/+135	+232/+135	+290/+135	+385/+135
500	630						+304/+260	+330/+260	+370/+260	+435/+260	+540/+260	+700/+260	+960/+260	+1 360/+260		+189/+145	+215/+145	+255/+145	+320/+145	+425/+145
630	800						+340/+290	+370/+290	+415/+290	+490/+290	+610/+290	+790/+290	+1 090/+290	+1 540/+290		+210/+160	+240/+160	+285/+160	+360/+160	+480/+160
800	1 000						+376/+320	+410/+320	+460/+320	+550/+320	+680/+320	+880/+320	+1 220/+320	+1 720/+320		+226/+170	+260/+170	+310/+170	+400/+170	+530/+170
1 000	1 250						+416/+350	+455/+350	+515/+350	+610/+350	+770/+350	+1 010/+350	+1 400/+350	+2 000/+350		+261/+195	+300/+195	+360/+195	+455/+195	+615/+195
1 250	1 600						+468/+390	+515/+390	+585/+390	+700/+390	+890/+390	+1 170/+390	+1 640/+390	+2 340/+390		+298/+220	+345/+220	+415/+220	+530/+220	+720/+220
1 600	2 000						+522/+430	+580/+430	+660/+430	+800/+430	+1 030/+430	+1 350/+430	+1 930/+430	+2 730/+430		+332/+240	+390/+240	+470/+240	+610/+240	+840/+240
2 000	2 500						+590/+480	+655/+480	+760/+480	+920/+480	+1 180/+480	+1 580/+480	+2 230/+480	+3 280/+480		+370/+260	+435/+260	+540/+260	+700/+260	+960/+260
2 500	3 150						+655/+520	+730/+520	+850/+520	+1 060/+520	+1 380/+520	+1 870/+520	+2 620/+520	+3 820/+520		+425/+290	+500/+290	+620/+290	+830/+290	+1 150/+290

中间的基本偏差 CD 主要应用于精密机构和钟表制造业。如果需要在其他公称尺寸中包含该基本偏差的公差带代号，可依据 GB/T 1800.1 计算。

孔的极限偏差(基本偏差 EF 和 F)

上极限偏差 = *ES*

下极限偏差 = *EI*

偏差单位为微米(μm)

公称尺寸 /mm		EF[a]								F						
大于	至	3	4	5	6	7	8	9	10	3	4	5	6	7	8	9	10
—	3	+12 +10	+13 +10	+14 +10	+16 +10	+20 +10	+24 +10	+35 +10	+50 +10	+8 +6	+9 +6	+10 +6	+12 +6	+16 +6	+20 +6	+31 +6	+46 +6
3	6	+16.5 +14	+18 +14	+19 +14	+22 +14	+26 +14	+32 +14	+44 +14	+62 +14	+12.5 +10	+14 +10	+15 +10	+18 +10	+22 +10	+28 +10	+40 +10	+58 +10
6	10	+20.5 +18	+22 +18	+24 +18	+27 +18	+33 +18	+40 +18	+54 +18	+76 +18	+15.5 +13	+17 +13	+19 +13	+22 +13	+28 +13	+35 +13	+49 +13	+71 +13
10	18									+19 +16	+21 +16	+24 +16	+27 +16	+34 +16	+43 +16	+59 +16	+86 +16
18	30									+24 +20	+26 +20	+29 +20	+33 +20	+41 +20	+53 +20	+72 +20	+104 +20
30	50									+29 +25	+32 +25	+36 +25	+41 +25	+50 +25	+64 +25	+87 +25	+125 +25
50	80											+43 +30	+49 +30	+60 +30	+76 +30	+104 +30	
80	120											+51 +36	+58 +36	+71 +36	+90 +36	+123 +36	
120	180											+61 +43	+68 +43	+83 +43	+106 +43	+143 +43	
180	250											+70 +50	+79 +50	+96 +50	+122 +50	+165 +50	
250	315											+79 +56	+88 +56	+108 +56	+137 +56	+186 +56	
315	400											+87 +62	+98 +62	+119 +62	+151 +62	+202 +62	
400	500											+95 +68	+108 +68	+131 +68	+165 +68	+223 +68	
500	630											+120 +76	+146 +76	+186 +76	+251 +76		
630	800											+130 +80	+160 +80	+205 +80	+280 +80		
800	1 000											+142 +86	+176 +86	+226 +86	+316 +86		
1 000	1 250											+164 +98	+203 +98	+263 +98	+358 +98		

续表

公称尺寸 /mm		EFª								F							
大于	至	3	4	5	6	7	8	9	10	3	4	5	6	7	8	9	10
1 250	1 600												+188 +110	+235 +110	+305 +110	+420 +110	
1 600	2 000												+212 +120	+270 +120	+350 +120	+490 +120	
2 000	2 500												+240 +130	+305 +130	+410 +130	+570 +130	
2 500	3 150												+280 +145	+355 +145	+475 +145	+685 +145	

中间的基本偏差 EF 主要应用于精密机构和钟表制造业,如果需要在其他公称尺寸中包含该基本偏差的公差带代号,可依据 GB/T 1800.1 计算。

孔的极限偏差(基本偏差 FG 和 G)
上极限偏差 = ES
下极限偏差 = EI

偏差单位为微米(μm)

公称尺寸 /mm		FGª								G							
大于	至	3	4	5	6	7	8	9	10	3	4	5	6	7	8	9	10
—	3	+6 +4	+7 +4	+8 +4	+10 +4	+14 +4	+18 +4	+29 +4	+44 +4	+4 +2	+5 +2	+6 +2	+8 +2	+12 +2	+16 +2	+27 +2	+42 +2
3	6	+8.5 +6	+10 +6	+11 +6	+14 +6	+18 +6	+24 +6	+36 +6	+54 +6	+6.5 +4	+8 +4	+9 +4	+12 +4	+16 +4	+22 +4	+34 +4	+52 +4
6	10	+10.5 +8	+12 +8	+14 +8	+17 +8	+23 +8	+30 +8	+44 +8	+66 +8	+7.5 +5	+9 +5	+11 +5	+14 +5	+20 +5	+27 +5	+41 +5	+63 +5
10	18									+9 +6	+11 +6	+14 +6	+17 +6	+24 +6	+33 +6	+49 +6	+76 +6
18	30									+11 +7	+13 +7	+16 +7	+20 +7	+28 +7	+40 +7	+59 +7	+91 +7
30	50									+13 +9	+16 +9	+20 +9	+25 +9	+34 +9	+48 +9	+71 +9	+109 +9
50	80											+23 +10	+29 +10	+40 +10	+56 +10		
80	120											+27 +12	+34 +12	+47 +12	+66 +12		
120	180											+32 +14	+39 +14	+54 +14	+77 +14		

公称尺寸 /mm		FG[a]								G							
大于	至	3	4	5	6	7	8	9	10	3	4	5	6	7	8	9	10
180	250											+35 +15	+44 +15	+61 +15	+87 +15		
250	315											+40 +17	+49 +17	+69 +17	+98 +17		
315	400											+43 +18	+54 +18	+75 +18	+107 +18		
400	500											+47 +20	+60 +20	+83 +20	+117 +20		
500	630												+66 +22	+92 +22	+132 +22		
630	800												+74 +24	+104 +24	+149 +24		
800	1 000												+82 +26	+116 +26	+166 +26		
1 000	1 250												+94 +28	+133 +28	+193 +28		
1 250	1 600												+108 +30	+155 +30	+225 +30		
1 600	2 000												+124 +32	+182 +32	+262 +32		
2 000	2 500												+144 +34	+209 +34	+314 +34		
2 500	3 150												+173 +38	+248 +38	+368 +38		

中间的基本偏差 FG 主要应用于精密机构和钟表制造业,如果需要在其他公称尺寸中包含该基本偏差的公差带代号,可依据 GB/T 1800.1 计算。

孔的极限偏差（基本偏差 H）

上极限偏差 = ES
下极限偏差 = EI

公称尺寸/mm 大于	至	偏差	1	2	3	4	5	6	7	8	9	10	11	12	13	14ᵃ	15ᵃ	16ᵃ	17ᵃ	18ᵃ
			μm											mm						
—	3ᵃ	ES	+0.8	+1.2	+2	+3	+4	+6	+10	+14	+25	+40	+60	+0.1	+0.14	+0.25	+0.4	+0.6		
		EI	+0	+0	+0	+0	+0	+0	+0	+0	+0	+0	+0	+0	+0	+0	+0	+0		
3	6	ES	+1	+1.5	+2.5	+4	+5	+8	+12	+18	+30	+48	+75	+0.12	+0.18	+0.3	+0.48	+0.75	+1.2	+1.8
		EI	+0	+0	+0	+0	+0	+0	+0	+0	+0	+0	+0	+0	+0	+0	+0	+0	+0	+0
6	10	ES	+1	+1.5	+2.5	+4	+6	+9	+15	+22	+36	+58	+90	+0.15	+0.22	+0.36	+0.58	+0.9	+1.5	+2.2
		EI	+0	+0	+0	+0	+0	+0	+0	+0	+0	+0	+0	+0	+0	+0	+0	+0	+0	+0
10	18	ES	+1.2	+2	+3	+5	+8	+11	+18	+27	+43	+70	+110	+0.18	+0.27	+0.43	+0.7	+1.1	+1.8	+2.7
		EI	+0	+0	+0	+0	+0	+0	+0	+0	+0	+0	+0	+0	+0	+0	+0	+0	+0	+0
18	30	ES	+1.5	+2.5	+4	+6	+9	+13	+21	+33	+52	+84	+130	+0.21	+0.33	+0.52	+0.84	+1.3	+2.1	+3.3
		EI	+0	+0	+0	+0	+0	+0	+0	+0	+0	+0	+0	+0	+0	+0	+0	+0	+0	+0
30	50	ES	+1.5	+2.5	+4	+7	+11	+16	+25	+39	+62	+100	+160	+0.25	+0.39	+0.62	+1	+1.6	+2.5	+3.9
		EI	+0	+0	+0	+0	+0	+0	+0	+0	+0	+0	+0	+0	+0	+0	+0	+0	+0	+0
50	80	ES	+2	+3	+5	+8	+13	+19	+30	+46	+74	+120	+190	+0.3	+0.46	+0.74	+1.2	+1.9	+3	+4.6
		EI	+0	+0	+0	+0	+0	+0	+0	+0	+0	+0	+0	+0	+0	+0	+0	+0	+0	+0
80	120	ES	+2.5	+4	+6	+10	+15	+22	+35	+54	+87	+140	+220	+0.35	+0.54	+0.87	+1.4	+2.2	+3.5	+5.4
		EI	+0	+0	+0	+0	+0	+0	+0	+0	+0	+0	+0	+0	+0	+0	+0	+0	+0	+0
120	180	ES	+3.5	+5	+8	+12	+18	+25	+40	+63	+100	+160	+250	+0.4	+0.63	+1	+1.6	+2.5	+4	+6.3
		EI	+0	+0	+0	+0	+0	+0	+0	+0	+0	+0	+0	+0	+0	+0	+0	+0	+0	+0
180	250	ES	+4.5	+7	+10	+14	+20	+29	+46	+72	+115	+185	+290	+0.46	+0.72	+1.15	+1.85	+2.9	+4.6	+7.2
		EI	+0	+0	+0	+0	+0	+0	+0	+0	+0	+0	+0	+0	+0	+0	+0	+0	+0	+0

144

续表

公称尺寸																				
大于	至																			
250	315	+6 / +0	+8 / +0	+12 / +0	+16 / +0	+23 / +0	+32 / +0	+52 / +0	+81 / +0	+130 / +0	+210 / +0	+320 / +0	+0.52 / +0	+0.81 / +0	+1.3 / +0	+2.1 / +0	+3.2 / +0	+5.2 / +0	+8.1 / +0
315	400	+7 / +0	+9 / +0	+13 / +0	+18 / +0	+25 / +0	+36 / +0	+57 / +0	+89 / +0	+140 / +0	+230 / +0	+360 / +0	+0.57 / +0	+0.89 / +0	+1.4 / +0	+2.3 / +0	+3.6 / +0	+5.7 / +0	+8.9 / +0
400	500	+8 / +0	+10 / +0	+15 / +0	+20 / +0	+27 / +0	+40 / +0	+63 / +0	+97 / +0	+155 / +0	+250 / +0	+400 / +0	+0.63 / +0	+0.97 / +0	+1.55 / +0	+2.5 / +0	+4 / +0	+6.3 / +0	+9.7 / +0
500	630	+9 / +0	+11 / +0	+16 / +0	+22 / +0	+32 / +0	+44 / +0	+70 / +0	+110 / +0	+175 / +0	+280 / +0	+440 / +0	+0.7 / +0	+1.1 / +0	+1.75 / +0	+2.8 / +0	+4.4 / +0	+7 / +0	+11 / +0
630	800	+10 / +0	+13 / +0	+18 / +0	+25 / +0	+36 / +0	+50 / +0	+80 / +0	+125 / +0	+200 / +0	+320 / +0	+500 / +0	+0.8 / +0	+1.25 / +0	+2 / +0	+3.2 / +0	+5 / +0	+8 / +0	+12.5 / +0
800	1 000	+11 / +0	+15 / +0	+21 / +0	+28 / +0	+40 / +0	+56 / +0	+90 / +0	+140 / +0	+230 / +0	+360 / +0	+560 / +0	+0.9 / +0	+1.4 / +0	+2.3 / +0	+3.6 / +0	+5.6 / +0	+9 / +0	+14 / +0
1 000	1 250	+13 / +0	+18 / +0	+24 / +0	+33 / +0	+47 / +0	+66 / +0	+105 / +0	+165 / +0	+260 / +0	+420 / +0	+660 / +0	+1.05 / +0	+1.65 / +0	+2.6 / +0	+4.2 / +0	+6.6 / +0	+10.5 / +0	+16.5 / +0
1 250	1 600	+15 / +0	+21 / +0	+29 / +0	+39 / +0	+55 / +0	+78 / +0	+125 / +0	+195 / +0	+310 / +0	+500 / +0	+780 / +0	+1.25 / +0	+1.95 / +0	+3.1 / +0	+5 / +0	+7.8 / +0	+12.5 / +0	+19.5 / +0
1 600	2 000	+18 / +0	+25 / +0	+35 / +0	+46 / +0	+65 / +0	+92 / +0	+150 / +0	+230 / +0	+370 / +0	+600 / +0	+920 / +0	+1.5 / +0	+2.3 / +0	+3.7 / +0	+6 / +0	+9.2 / +0	+15 / +0	+23 / +0
2 000	2 500	+22 / +0	+30 / +0	+41 / +0	+55 / +0	+78 / +0	+110 / +0	+175 / +0	+280 / +0	+440 / +0	+700 / +0	+1 100 / +0	+1.75 / +0	+2.8 / +0	+4.4 / +0	+7 / +0	+11 / +0	+17.5 / +0	+28 / +0
2 500	3 150	+26 / +0	+36 / +0	+50 / +0	+68 / +0	+96 / +0	+135 / +0	+210 / +0	+330 / +0	+540 / +0	+860 / +0	+1 350 / +0	+2.1 / +0	+3.3 / +0	+5.4 / +0	+8.6 / +0	+13.5 / +0	+21 / +0	+33 / +0

IT14 ～ IT18 只用于大于 1 mm 的公称尺寸。

孔的极限偏差(基本偏差 JS)[a]
上极限偏差 = ES
下极限偏差 = EI

公称尺寸/mm		JS																	
		1	2	3	4	5	6	7	8	9	10	11	12	13	14[b]	15[b]	16[b]	17	18
大于	至	偏差																	
		μm											mm						
—	3[b]	±0.4	±0.6	±1	±1.5	±2	±3	±5	±7	±12.5	±20	±30	±0.05	±0.07	±0.125	±0.2	±0.3		
3	6	±0.5	±0.75	±1.25	±2	±2.5	±4	±6	±9	±15	±24	±37.5	±0.06	±0.09	±0.15	±0.24	±0.375	±0.6	±0.9
6	10	±0.5	±0.75	±1.25	±2	±3	±4.5	±7.5	±11	±18	±29	±45	±0.075	±0.11	±0.18	±0.29	±0.45	±0.75	±1.1
10	18	±0.6	±1	±1.5	±2.5	±4	±5.5	±9	±13.5	±21.5	±35	±55	±0.09	±0.135	±0.215	±0.35	±0.55	±0.9	±1.35
18	30	±0.75	±1.25	±2	±3	±4.5	±6.5	±10.5	±16.5	±26	±42	±65	±0.105	±0.165	±0.26	±0.42	±0.65	±1.05	±1.65
30	50	±0.75	±1.25	±2	±3.5	±5.5	±8	±12.5	±19.5	±31	±50	±80	±0.125	±0.195	±0.31	±0.5	±0.8	±1.25	±1.95
50	80	±1	±1.5	±2.5	±4	±6.5	±9.5	±15	±23	±37	±60	±95	±0.15	±0.23	±0.37	±0.6	±0.95	±1.5	±2.3
80	120	±1.25	±2	±3	±5	±7.5	±11	±17.5	±27	±43.5	±70	±110	±0.175	±0.27	±0.435	±0.7	±1.1	±1.75	±2.7
120	180	±1.75	±2.5	±4	±6	±9	±12.5	±20	±31.5	±50	±80	±125	±0.2	±0.315	±0.5	±0.8	±1.25	±2	±3.15
180	250	±2.25	±3.5	±5	±7	±10	±14.5	±23	±36	±57.5	±92.5	±145	±0.23	±0.36	±0.575	±0.925	±1.45	±2.3	±3.6
250	315	±3	±4	±6	±8	±11.5	±16	±26	±40.5	±65	±105	±160	±0.26	±0.405	±0.65	±1.05	±1.6	±2.6	±4.05
315	400	±3.5	±4.5	±6.5	±9	±12.5	±18	±28.5	±44.5	±70	±115	±180	±0.285	±0.445	±0.7	±1.15	±1.8	±2.85	±4.45
400	500	±4	±5	±7.5	±10	±13.5	±20	±31.5	±48.5	±77.5	±125	±200	±0.315	±0.485	±0.775	±1.25	±2	±3.15	±4.85
500	630	±4.5	±5.5	±8	±11	±16	±22	±35	±55	±87.5	±140	±220	±0.35	±0.55	±0.875	±1.4	±2.2	±3.5	±5.5
630	800	±5	±6.5	±9	±12.5	±18	±25	±40	±62.5	±100	±160	±250	±0.4	±0.625	±1	±1.6	±2.5	±4	±6.25
800	1 000	±5.5	±7.5	±10.5	±14	±20	±28	±45	±70	±115	±180	±280	±0.45	±0.7	±1.15	±1.8	±2.8	±4.5	±7
1 000	1 250	±6.5	±9	±12	±16.5	±23.5	±33	±52.5	±82.5	±130	±210	±330	±0.525	±0.825	±1.3	±2.1	±3.3	±5.25	±8.25
1 250	1 600	±7.5	±10.5	±14.5	±19.5	±27.5	±39	±62.5	±97.5	±155	±250	±390	±0.625	±0.975	±1.55	±2.5	±3.9	±6.25	±9.75

续表

公称尺寸/mm		JS																	
		1	2	3	4	5	6	7	8	9	10	11	12	13	14[b]	15[b]	16[b]	17	18
大于	至	偏差																	
		μm											mm						
1 600	2 000	±9	±12.5	±17.5	±23	±32.5	±46	±75	±115	±185	±300	±460	±0.75	±1.15	±1.85	±3	±4.6	±7.5	±11.5
2 000	2 500	±11	±15	±20.5	±27.5	±39	±55	±87.5	±140	±220	±350	±550	±0.875	±1.4	±2.2	±3.5	±5.5	±8.75	±14
2 500	3 150	±13	±18	±25	±34	±48	±67.5	±105	±165	±270	±430	±675	±1.05	±1.65	±2.7	±4.3	±6.75	±10.5	16.5

为了避免相同值的重复,表列值以"±x"给出,可为 $ES = +x$,$EI = -x$,例如 $^{+0.23}_{-0.23}$ mm。

IT14～IT16 只用于大于 1 mm 的公称尺寸。

孔的极限偏差(基本偏差 J 和 K)

上极限偏差 $= ES$

下极限偏差 $= EI$

偏差单位为微米(μm)

公称尺寸/mm		J				K							
大于	至	6	7	8	9[a]	3	4	5	6	7	8	9[b]	10[b]
—	3	+2 −4	+4 −6	+6 −8		+0 −2	+0 −3	+0 −4	+0 −6	+0 −10	+0 −14	+0 −25	+0 −40
3	6	+5 −3	±6[c]	+10 −8		+0 −2.5	+0.5 −3.5	+0 −5	+2 −6	+3 −9	+5 −13		
6	10	+5 −4	+8 −7	+12 −10		+0 −2.5	+0.5 −3.5	+1 −5	+2 −7	+5 −10	+6 −16		
10	18	+6 −5	+10 −8	+15 −12		+0 −3	+1 −4	+2 −6	+2 −9	+6 −12	+8 −19		
18	30	+8 −5	+12 −9	+20 −13		−0.5 −4.5	+0 −6	+1 −8	+2 −11	+6 −15	+10 −23		
30	50	+10 −6	+14 −11	+24 −15		−0.5 −4.5	+1 −6	+2 −9	+3 −13	+7 −18	+12 −27		
50	80	+13 −6	+18 −12	+28 −18			+3 −10	+4 −15	+9 −21	+14 −32			
80	120	+16 −6	+22 −13	+34 −20			+2 −13	+4 −18	+10 −25	+16 −38			
120	180	+18 −7	+26 −14	+41 −22			+3 −15	+4 −21	+12 −28	+20 −43			

续表

公称尺寸/mm		J				K							
大于	至	6	7	8	9ᵃ	3	4	5	6	7	8	9ᵇ	10ᵇ
180	250	+22 −7	+30 −16	+47 −25				+2 −18	+5 −24	+13 −33	+22 −50		
250	315	+25 −7	+36 −16	+55 −26				+3 −20	+5 −27	+16 −36	+25 −56		
315	400	+29 −7	+39 −18	+60 −29				+3 −22	+7 −29	+17 −40	+28 −61		
400	500	+33 −7	+43 −20	+66 −31				+2 −25	+8 −32	+18 −45	+29 −68		
500	630								+0 −44	+0 −70	+0 −110		
630	800								+0 −50	+0 −80	+0 −125		
800	1 000								+0 −56	+0 −90	+0 −140		
1 000	1 250								+0 −66	+0 −105	+0 −165		
1 250	1 600								+0 −78	+0 −125	+0 −195		
1 600	2 000								+0 −92	+0 −150	+0 −230		
2 000	2 500								+0 −110	+0 −175	+0 −280		
2 500	3 150								+0 −135	+0 −210	+0 −330		

公称尺寸大于 3 mm 时,大于 IT8 的 K 的偏差值不作规定。

与 JS7 相同。

孔的极限偏差（基本偏差 M 和 N）

上极限偏差 = ES
下极限偏差 = EI

偏差单位为微米（μm）

公称尺寸/mm		M								N								
大于	至	3	4	5	6	7	8	9	10	3	4	5	6	7	8	9ᵃ	10ᵃ	11ᵃ
—	3ᵃ	−2	−2	−2	−2	−2	−2	−2	−2	−4	−4	−4	−4	−4	−4	−4	−4	−4
		−4	−5	−6	−8	−12	−16	−27	−42	−6	−7	−8	−10	−14	−18	−29	−44	−64
3	6	−3	−2.5	−3	−1	+0	+2	−4	−4	−7	−6.5	−7	−5	−4	−2	+0	+0	+0
		−5.5	−6.5	−8	−9	−12	−16	−34	−52	−9.5	−10.5	−12	−13	−16	−20	−30	−48	−75
6	10	−5	−4.5	−4	−3	+0	+1	−6	−6	−9	−8.5	−8	−7	−4	−3	+0	+0	+0
		−7.5	−8.5	−10	−12	−15	−21	−42	−64	−11.5	−12.5	−14	−16	−19	−25	−36	−58	−90
10	18	−6	−5	−4	−4	+0	+2	−7	−7	−11	−10	−9	−9	−5	−3	+0	+0	+0
		−9	−10	−12	−15	−18	−25	−50	−77	−14	−15	−17	−20	−23	−30	−43	−70	−110
18	30	−6.5	−6	−5	−4	+0	+4	−8	−8	−13.5	−13	−12	−11	−7	−3	+0	+0	+0
		−10.5	−12	−14	−17	−21	−29	−60	−92	−17.5	−19	−21	−24	−28	−36	−52	−84	−130
30	50	−7.5	−6	−5	−4	+0	+5	−9	−9	−15.5	−14	−13	−12	−8	−3	+0	+0	+0
		−11.5	−13	−16	−20	−25	−34	−71	−109	−19.5	−21	−24	−28	−33	−42	−62	−100	−160
50	80			−6	−5	+0	+5					−15	−14	−9	−4	+0	+0	+0
				−19	−24	−30	−41					−28	−33	−39	−50	−74	−120	−190
80	120			−8	−6	+0	+6					−18	−16	−10	−4	+0	+0	+0
				−23	−28	−35	−48					−33	−38	−45	−58	−87	−140	−220
120	180			−9	−8	+0	+8					−21	−20	−12	−4	+0	+0	+0
				−27	−33	−40	−55					−39	−45	−52	−67	−100	−160	−250
180	250			−11	−8	+0	+9					−25	−22	−14	−5	+0	+0	+0
				−31	−37	−46	−63					−45	−51	−60	−77	−115	−185	−290
250	315			−13	−9	+0	+9					−27	−25	−14	−5	+0	+0	+0
				−36	−41	−52	−72					−50	−57	−66	−86	−130	−210	−320
315	400			−14	−10	+0	+11					−30	−26	−16	−5	+0	+0	+0
				−39	−46	−57	−78					−55	−62	−73	−94	−140	−230	−360
400	500			−16	−10	+0	+11					−33	−27	−17	−6	+0	+0	+0
				−43	−50	−63	−86					−60	−67	−80	−103	−155	−250	−400
500	630				−26	−26	−26						−44	−44	−44	−44		
					−70	−96	−136						−88	−114	−154	−219		

续表

公称尺寸/mm		M								N								
大于	至	3	4	5	6	7	8	9	10	3	4	5	6	7	8	9ᵃ	10ᵃ	11ᵃ
630	800				−30	−30	−30						−50	−50	−50	−50		
					−80	−110	−155						−100	−130	−175	−250		
800	1 000				−34	−34	−34						−56	−56	−56	−56		
					−90	−124	−174						−112	−146	−196	−286		
1 000	1 250				−40	−40	−40						−66	−66	−66	−66		
					−106	−145	−205						−132	−171	−231	−326		
1 250	1 600				−48	−48	−48						−78	−78	−78	−78		
					−126	−173	−243						−156	−203	−273	−388		
1 600	2 000				−58	−58	−58						−92	−92	−92	−92		
					−150	−208	−288						−184	−242	−322	−462		
2 000	2 500				−68	−68	−68						−110	−110	−110	−110		
					−178	−243	−348						−220	−285	−390	−550		
2 500	3 150				−76	−76	−76						−135	−135	−135	−135		
					−211	−286	−406						−270	−345	−465	−675		

公差带代号 N9、N10 和 N11 只用于大于 1 mm 的公称尺寸。

孔的极限偏差（基本偏差 P）

上极限偏差 $= ES$

下极限偏差 $= EI$

偏差单位为微米（μm）

公称尺寸/mm		P							
大于	至	3	4	5	6	7	8	9	10
—	3	−6	−6	−6	−6	−6	−6	−6	−6
		−8	−9	−10	−12	−16	−20	−31	−46
3	6	−11	−10.5	−11	−9	−8	−12	−12	−12
		−13.5	−14.5	−16	−17	−20	−30	−42	−60
6	10	−14	−13.5	−13	−12	−9	−15	−15	−15
		−16.5	−17.5	−19	−21	−24	−37	−51	−73
10	18	−17	−16	−15	−15	−11	−18	−18	−18
		−20	−21	−23	−26	−29	−45	−61	−88

续表

公称尺寸/mm		P							
大于	至	3	4	5	6	7	8	9	10
18	30	−20.5 −24.5	−20 −26	−19 −28	−18 −31	−14 −35	−22 −55	−22 −74	−22 −106
30	50	−24.5 −28.5	−23 −30	−22 −33	−21 −37	−17 −42	−26 −65	−26 −88	−26 −126
50	80			−27 −40	−26 −45	−21 −51	−32 −78	−32 −106	
80	120			−32 −47	−30 −52	−24 −59	−37 −91	−37 −124	
120	180			−37 −55	−36 −61	−28 −68	−43 −106	−43 −143	
180	250			−44 −64	−41 −70	−33 −79	−50 −122	−50 −165	
250	315			−49 −72	−47 −79	−36 −88	−56 −137	−56 −186	
315	400			−55 −80	−51 −87	−41 −98	−62 −151	−62 −202	
400	500			−61 −88	−55 −95	−45 −108	−68 −165	−68 −223	
500	630				−78 −122	−78 −148	−78 −188	−78 −253	
630	800				−88 −138	−88 −168	−88 −213	−88 −288	
800	1 000				−100 −156	−100 −190	−100 −240	−100 −330	
1 000	1 250				−120 −186	−120 −225	−120 −285	−120 −380	
1 250	1 600				−140 −218	−140 −265	−140 −335	−140 −450	

续表

公称尺寸/mm		P							
大于	至	3	4	5	6	7	8	9	10
1 600	2 000				−170 −262	−170 −320	−170 −400	−170 −540	
2 000	2 500				−195 −305	−195 −370	−195 −475	−195 −635	
2 500	3 150				−240 −375	−240 −450	−240 −570	−240 −780	

孔的极限偏差（基本偏差 R）

上极限偏差 = ES

下极限偏差 = EI

偏差单位为微米（μm）

公称尺寸/mm		R							
大于	至	3	4	5	6	7	8	9	10
—	3	−10 −12	−10 −13	−10 −14	−10 −16	−10 −20	−10 −24	−10 −35	−10 −50
3	6	−14 −16.5	−13.5 −17.5	−14 −19	−12 −20	−11 −23	−15 −33	−15 −45	−15 −63
6	10	−18 −20.5	−17.5 −21.5	−17 −23	−16 −25	−13 −28	−19 −41	−19 −55	−19 −77
10	18	−22 −25	−21 −26	−20 −28	−20 −31	−16 −34	−23 −50	−23 −66	−23 −93
18	30	−26.5 −30.5	−26 −32	−25 −34	−24 −37	−20 −41	−28 −61	−28 −80	−28 −112
30	50	−32.5 −36.5	−31 −38	−30 −41	−29 −45	−25 −50	−34 −73	−34 −96	−34 −134
50	65			−36 −49	−35 −54	−30 −60	−41 −87		
65	80			−38 −51	−37 −56	−32 −62	−43 −89		

公称尺寸/mm		R							
大于	至	3	4	5	6	7	8	9	10
80	100			−46 −61	−44 −66	−38 −73	−51 −105		
100	120			−49 −64	−47 −69	−41 −76	−54 −108		
120	140			−57 −75	−56 −81	−48 −88	−63 −126		
140	160			−59 −77	−58 −83	−50 −90	−65 −128		
160	180			−62 −80	−61 −86	−53 −93	−68 −131		
180	200			−71 −91	−68 −97	−60 −106	−77 −149		
200	225			−74 −94	−71 −100	−63 −109	−80 −152		
225	250			−78 −98	−75 −104	−67 −113	−84 −156		
250	280			−87 −110	−85 −117	−74 −126	−94 −175		
280	315			−91 −114	−89 −121	−78 −130	−98 −179		
315	355			−101 −126	−97 −133	−87 −144	−108 −197		
355	400			−107 −132	−103 −139	−93 −150	−114 −203		
400	450			−119 −146	−113 −153	−103 −166	−126 −223		
450	500			−125 −152	−119 −159	−109 −172	−132 −229		

续表

公称尺寸/mm		R							
大于	至	3	4	5	6	7	8	9	10
500	560				−150 −194	−150 −220	−150 −260		
560	630				−155 −199	−155 −225	−155 −265		
630	710				−175 −225	−175 −255	−175 −300		
710	800				−185 −235	−185 −265	−185 −310		
800	900				−210 −266	−210 −300	−210 −350		
900	1 000				−220 −276	−220 −310	−220 −360		
1 000	1 120				−250 −316	−250 −355	−250 −415		
1 120	1 250				−260 −326	−260 −365	−260 −425		
1 250	1 400				−300 −378	−300 −425	−300 −495		
1 400	1 600				−330 −408	−330 −455	−330 −525		
1 600	1 800				−370 −462	−370 −520	−370 −600		
1 800	2 000				−400 −492	−400 −550	−400 −630		
2 000	2 240				−440 −550	−440 −615	−440 −720		
2 240	2 500				−460 −570	−460 −635	−460 −740		

续表

公称尺寸/mm		R							
大于	至	3	4	5	6	7	8	9	10
2 500	2 800				−550 −685	−550 −760	−550 −880		
2 800	3 150				−580 −715	−580 −790	−580 −910		

孔的极限偏差(基本偏差 S)

上极限偏差 $= ES$

下极限偏差 $= EI$

偏差单位为微米(μm)

公称尺寸/mm		S							
大于	至	3	4	5	6	7	8	9	10
—	3	−14 −16	−14 −17	−14 −18	−14 −20	−14 −24	−14 −28	−14 −39	−14 −54
3	6	−18 −20.5	−17.5 −21.5	−18 −23	−16 −24	−15 −27	−19 −37	−19 −49	−19 −67
6	10	−22 −24.5	−21.5 −25.5	−21 −27	−20 −29	−17 −32	−23 −45	−23 −59	−23 −81
10	18	−27 −30	−26 −31	−25 −33	−25 −36	−21 −39	−28 −55	−28 −71	−28 −98
18	30	−33.5 −37.5	−33 −39	−32 −41	−31 −44	−27 −48	−35 −68	−35 −87	−35 −119
30	50	−41.5 −45.5	−40 −47	−39 −50	−38 −54	−34 −59	−43 −82	−43 −105	−43 −143
50	65			−48 −61	−47 −66	−42 −72	−53 −99	−53 −127	
65	80			−54 −67	−53 −72	−48 −78	−59 −105	−59 −133	
80	100			−66 −81	−64 −86	−58 −93	−71 −125	−71 −158	

续表

公称尺寸/mm		S							
大于	至	3	4	5	6	7	8	9	10
100	120			−74 −89	−72 −94	−66 −101	−79 −133	−79 −166	
120	140			−86 −104	−85 −110	−77 −117	−92 −155	−92 −192	
140	160			−94 −112	−93 −118	−85 −125	−100 −163	−100 −200	
160	180			−102 −120	−101 −126	−93 −133	−108 −171	−108 −208	
180	200			−116 −136	−113 −142	−105 −151	−122 −194	−122 −237	
200	225			−124 −144	−121 −150	−113 −159	−130 −202	−130 −245	
225	250			−134 −154	−131 −160	−123 −169	−140 −212	−140 −255	
250	280			−151 −174	−149 −181	−138 −190	−158 −239	−158 −288	
280	315			−163 −186	−161 −193	−150 −202	−170 −251	−170 −300	
315	355			−183 −208	−179 −215	−169 −226	−190 −279	−190 −330	
355	400			−201 −226	−197 −233	−187 −244	−208 −297	−208 −348	
400	450			−225 −252	−219 −259	−209 −272	−232 −329	−232 −387	
450	500			−245 −272	−239 −279	−229 −292	−252 −349	−252 −407	
500	560				−280 −324	−280 −350	−280 −390		

续表

公称尺寸/mm		S							
大于	至	3	4	5	6	7	8	9	10
560	630				−310 −354	−310 −380	−310 −420		
630	710				−340 −390	−340 −420	−340 −465		
710	800				−380 −430	−380 −460	−380 −505		
800	900				−430 −486	−430 −520	−430 −570		
900	1 000				−470 −526	−470 −560	−470 −610		
1 000	1 120				−520 −586	−520 −625	−520 −685		
1 120	1 250				−580 −646	−580 −685	−580 −745		
1 250	1 400				−640 −718	−640 −765	−640 −835		
1 400	1 600				−720 −798	−720 −845	−720 −915		
1 600	1 800				−820 −912	−820 −970	−820 −1 050		
1 800	2 000				−920 −1 012	−920 −1 070	−920 −1 150		
2 000	2 240				−1 000 −1 110	−1 000 −1 175	−1 000 −1 280		
2 240	2 500				−1 100 −1 210	−1 100 −1 275	−1 100 −1 380		
2 500	2 800				−1 250 −1 385	−1 250 −1 460	−1 250 −1 580		
2 800	3 150				−1 400 −1 535	−1 400 −1 610	−1 400 −1 730		

孔的极限偏差（基本偏差 T 和 U）
上极限偏差 = ES
下极限偏差 = EI
偏差单位为微米（μm）

公称尺寸/mm		Tª				U					
大于	至	5	6	7	8	5	6	7	8	9	10
—	3					−18	−18	−18	−18	−18	−18
						−22	−24	−28	−32	−43	−58
3	6					−22	−20	−19	−23	−23	−23
						−27	−28	−31	−41	−53	−71
6	10					−26	−25	−22	−28	−28	−28
						−32	−34	−37	−50	−64	−86
10	18					−30	−30	−26	−33	−33	−33
						−38	−41	−44	−60	−76	−103
18	24					−38	−37	−33	−41	−41	−41
						−47	−50	−54	−74	−93	−125
24	30	−38	−37	−33	−41	−45	−44	−40	−48	−48	−48
		−47	−50	−54	−74	−54	−57	−61	−81	−100	−132
30	40	−44	−43	−39	−48	−56	−55	−51	−60	−60	−60
		−55	−59	−64	−87	−67	−71	−76	−99	−122	−160
40	50	−50	−49	−45	−54	−66	−65	−61	−70	−70	−70
		−61	−65	−70	−93	−77	−81	−86	−109	−132	−170
50	65		−60	−55	−66		−81	−76	−87	−87	−87
			−79	−85	−112		−100	−106	−133	−161	−207
65	80		−69	−64	−75		−96	−91	−102	−102	−102
			−88	−94	−121		−115	−121	−148	−176	−222
80	100		−84	−78	−91		−117	−111	−124	−124	−124
			−106	−113	−145		−139	−146	−178	−211	−264
100	120		−97	−91	−104		−137	−131	−144	−144	−144
			−119	−126	−158		−159	−166	−198	−231	−284
120	140		−115	−107	−122		−163	−155	−170	−170	−170
			−140	−147	−185		−188	−195	−233	−270	−330

续表

公称尺寸/mm		T^a				U					
大于	至	5	6	7	8	5	6	7	8	9	10
140	160		-127 -152	-119 -159	-134 -197		-183 -208	-175 -215	-190 -253	-190 -290	-190 -350
160	180		-139 -164	-131 -171	-146 -209		-203 -228	-195 -235	-210 -273	-210 -310	-210 -370
180	200		-157 -186	-149 -195	-166 -238		-227 -256	-219 -265	-236 -308	-236 -351	-236 -421
200	225		-171 -200	-163 -209	-180 -252		-249 -278	-241 -287	-258 -330	-258 -373	-258 -443
225	250		-187 -216	-179 -225	-196 -268		-275 -304	-267 -313	-284 -356	-284 -399	-284 -469
250	280		-209 -241	-198 -250	-218 -299		-306 -338	-295 -347	-315 -396	-315 -445	-315 -525
280	315		-231 -263	-220 -272	-240 -321		-341 -373	-330 -382	-350 -431	-350 -480	-350 -560
315	355		-257 -293	-247 -304	-268 -357		-379 -415	-369 -426	-390 -479	-390 -530	-390 -620
355	400		-283 -319	-273 -330	-294 -383		-424 -460	-414 -471	-435 -524	-435 -575	-435 -665
400	450		-317 -357	-307 -370	-330 -427		-477 -517	-467 -530	-490 -587	-490 -645	-490 -740
450	500		-347 -387	-337 -400	-360 -457		-527 -567	-517 -580	-540 -637	-540 -695	-540 -790
500	560		-400 -444	-400 -470	-400 -510		-600 -644	-600 -670	-600 -710		
560	630		-450 -494	-450 -520	-450 -560		-660 -704	-660 -730	-660 -770		
630	710		-500 -550	-500 -580	-500 -625		-740 -790	-740 -820	-740 -865		

续表

公称尺寸/mm		Tª				U				
大于	至	5	6	7	8	5	6	7	8	9	10
710	800		− 560	− 560	− 560		− 840	− 840	− 840		
			− 610	− 640	− 685		− 890	− 920	− 965		
800	900		− 620	− 620	− 620		− 940	− 940	− 940		
			− 676	− 710	− 760		− 996	− 1 030	− 1 080		
900	1 000		− 680	− 680	− 680		− 1 050	− 1 050	− 1 050		
			− 736	− 770	− 820		− 1 106	− 1 140	− 1 190		
1 000	1 120		− 780	− 780	− 780		− 1 150	− 1 150	− 1 150		
			− 846	− 885	− 945		− 1 216	− 1 255	− 1 315		
1 120	1 250		− 840	− 840	− 840		− 1 300	− 1 300	− 1 300		
			− 906	− 945	− 1 005		− 1 366	− 1 405	− 1 465		
1 250	1 400		− 960	− 960	− 960		− 1 450	− 1 450	− 1 450		
			− 1 038	− 1 085	− 1 155		− 1 528	− 1 575	− 1 645		
1 400	1 600		− 1 050	− 1 050	− 1 050		− 1 600	− 1 600	− 1 600		
			− 1 128	− 1 175	− 1 245		− 1 678	− 1 725	− 1 795		
1 600	1 800		− 1 200	− 1 200	− 1 200		− 1 850	− 1 850	− 1 850		
			− 1 292	− 1 350	− 1 430		− 1 942	− 2 000	− 2 080		
1 800	2 000		− 1 350	− 1 350	− 1 350		− 2 000	− 2 000	− 2 000		
			− 1 442	− 1 500	− 1 580		− 2 092	− 2 150	− 2 230		
2 000	2 240		− 1 500	− 1 500	− 1 500		− 2 300	− 2 300	− 2 300		
			− 1 610	− 1 675	− 1 780		− 2 410	− 2 475	− 2 580		
2 240	2 500		− 1 650	− 1 650	− 1 650		− 2 500	− 2 500	− 2 500		
			− 1 760	− 1 825	− 1 930		− 2 610	− 2 675	− 2 780		
2 500	2 800		− 1 900	− 1 900	− 1 900		− 2 900	− 2 900	− 2 900		
			− 2 035	− 2 110	− 2 230		− 3 035	− 3 110	− 3 230		
2 800	3 150		− 2 100	− 2 100	− 2 100		− 3 200	− 3 200	− 3 200		
			− 2 235	− 2 310	− 2 430		− 3 335	− 3 410	− 3 530		

公称尺寸至 24 mm 的公差带代号 T5 ~ T8 的偏差数值没有列入表中,建议以公差带代号 U5 ~ U8 替代。

孔的极限偏差(基本偏差 V、X 和 Y)[a]

上极限偏差 = ES

下极限偏差 = EI

偏差单位为微米(μm)

公称尺寸/mm		V[b]				X						Y[c]				
大于	至	5	6	7	8	5	6	7	8	9	10	6	7	8	9	10
—	3					−20	−20	−20	−20	−20	−20					
						−24	−26	−30	−34	−45	−60					
3	6					−27	−25	−24	−28	−28	−28					
						−32	−33	−36	−46	−58	−76					
6	10					−32	−31	−28	−34	−34	−34					
						−38	−40	−43	−56	−70	−92					
10	14					−37	−37	−33	−40	−40	−40					
						−45	−48	−51	−67	−83	−110					
14	18	−36	−36	−32	−39	−42	−42	−38	−45	−45	−45					
		−44	−47	−50	−66	−50	−53	−56	−72	−88	−115					
18	24	−44	−43	−39	−47	−51	−50	−46	−54	−54	−54	−59	−55	−63	−63	−63
		−53	−56	−60	−80	−60	−63	−67	−87	−106	−138	−72	−76	−96	−115	−147
24	30	−52	−51	−47	−55	−61	−60	−56	−64	−64	−64	−71	−67	−75	−75	−75
		−61	−64	−68	−88	−70	−73	−77	−97	−116	−148	−84	−88	−108	−127	−159
30	40	−64	−63	−59	−68	−76	−75	−71	−80	−80	−80	−89	−85	−94	−94	−94
		−75	−79	−84	−107	−87	−91	−96	−119	−142	−180	−105	−110	−133	−156	−194
40	50	−77	−76	−72	−81	−93	−92	−88	−97	−97	−97	−109	−105	−114	−114	−114
		−88	−92	−97	−120	−104	−108	−113	−136	−159	−197	−125	−130	−153	−176	−214
50	65		−96	−91	−102		−116	−111	−122	−122		−138	−133	−144		
			−115	−121	−148		−135	−141	−168	−196		−157	−163	−190		
65	80		−114	−109	−120		−140	−135	−146	−146		−168	−163	−174		
			−133	−139	−166		−159	−165	−192	−220		−187	−193	−220		
80	100		−139	−133	−146		−171	−165	−178	−178		−207	−201	−214		
			−161	−168	−200		−193	−200	−232	−265		−229	−236	−268		
100	120		−165	−159	−172		−203	−197	−210	−210		−247	−241	−254		
			−187	−194	−226		−225	−232	−264	−297		−269	−276	−308		
120	140		−195	−187	−202		−241	−233	−248	−248		−293	−285	−300		
			−220	−227	−265		−266	−273	−311	−348		−318	−325	−363		

续表

公称尺寸/mm		V^b				X						Y^c				
大于	至	5	6	7	8	5	6	7	8	9	10	6	7	8	9	10
140	160		−221	−213	−228		−273	−265	−280	−280		−333	−325	−340		
			−246	−253	−291		−298	−305	−343	−380		−358	−365	−403		
160	180		−245	−237	−252		−303	−295	−310	−310		−373	−365	−380		
			−270	−277	−315		−328	−335	−373	−410		−398	−405	−443		
180	200		−275	−267	−284		−341	−333	−350	−350		−416	−408	−425		
			−304	−313	−356		−370	−379	−422	−465		−445	−454	−497		
200	225		−301	−293	−310		−376	−368	−385	−385		−461	−453	−470		
			−330	−339	−382		−405	−414	−457	−500		−490	−499	−542		
225	250		−331	−323	−340		−416	−408	−425	−425		−511	−503	−520		
			−360	−369	−412		−445	−454	−497	−540		−540	−549	−592		
250	280		−376	−365	−385		−466	−455	−475	−475		−571	−560	−580		
			−408	−417	−466		−498	−507	−556	−605		−603	−612	−661		
280	315		−416	−405	−425		−516	−505	−525	−525		−641	−630	−650		
			−448	−457	−506		−548	−557	−606	−655		−673	−682	−731		
315	355		−464	−454	−475		−579	−569	−590	−590		−719	−709	−730		
			−500	−511	−564		−615	−626	−679	−730		−755	−766	−819		
355	400		−519	−509	−530		−649	−639	−660	−660		−809	−799	−820		
			−555	−566	−619		−685	−696	−749	−800		−845	−856	−909		
400	450		−582	−572	−595		−727	−717	−740	−740		−907	−897	−920		
			−622	−635	−692		−767	−780	−837	−895		−947	−960	−1 017		
450	500		−647	−637	−660		−807	−797	−820	−820		−987	−977	−1 000		
			−687	−700	−757		−847	−860	−917	−975		−1 027	−1 040	−1 097		

公称尺寸大于 500 mm 的 V、X 和 Y 的基本偏差数值没有列入表中。

公称尺寸至 14 mm 的公差带代号 V5～V8 的偏差数值没有列入表中,建议以公差带代号 X5～X8 替代。

公称尺寸至 18 mm 的公差带代号 Y6～Y10 的偏差数值没有列入表中,建议以公差带代号 Z6～Z10 替代。

孔的极限偏差(基本偏差 Z 和 ZA)ª

上极限偏差 = ES

下极限偏差 = EI

偏差单位为微米(μm)

公称尺寸 /mm		Z						ZA				
大于	至	6	7	8	9	10	11	6	7	8	9	10	11
—	3	−26 −32	−26 −36	−26 −40	−26 −51	−26 −66	−26 −86	−32 −38	−32 −42	−32 −46	−32 −57	−32 −72	−32 −92
3	6	−32 −40	−31 −43	−35 −53	−35 −65	−35 −83	−35 −110	−39 −47	−38 −50	−42 −60	−42 −72	−42 −90	−42 −117
6	10	−39 −48	−36 −51	−42 −64	−42 −78	−42 −100	−42 −132	−49 −58	−46 −61	−52 −74	−52 −88	−52 −110	−52 −142
10	14	−47 −58	−43 −61	−50 −77	−50 −93	−50 −120	−50 −160	−61 −72	−57 −75	−64 −91	−64 −107	−64 −134	−64 −174
14	18	−57 −68	−53 −71	−60 −87	−60 −103	−60 −130	−60 −170	−74 −85	−70 −88	−77 −104	−77 −120	−77 −147	−77 −187
18	24	−69 −82	−65 −86	−73 −106	−73 −125	−73 −157	−73 −203	−94 −107	−90 −111	−98 −131	−98 −150	−98 −182	−98 −228
24	30	−84 −97	−80 −101	−88 −121	−88 −140	−88 −172	−88 −218	−114 −127	−110 −131	−118 −151	−118 −170	−118 −202	−118 −248
30	40	−107 −123	−103 −128	−112 −151	−112 −174	−112 −212	−112 −272	−143 −159	−139 −164	−148 −187	−148 −210	−148 −248	−148 −308
40	50	−131 −147	−127 −152	−136 −175	−136 −198	−136 −236	−136 −296	−175 −191	−171 −196	−180 −219	−180 −242	−180 −280	−180 −340
50	65		−161 −191	−172 −218	−172 −246	−172 −292	−172 −362		−215 −245	−226 −272	−226 −300	−226 −346	−226 −416
65	80		−199 −229	−210 −256	−210 −284	−210 −330	−210 −400		−263 −293	−274 −320	−274 −348	−274 −394	−274 −464
80	100		−245 −280	−258 −312	−258 −345	−258 −398	−258 −478		−322 −357	−335 −389	−335 −422	−335 −475	−335 −555
100	120		−297 −332	−310 −364	−310 −397	−310 −450	−310 −530		−387 −422	−400 −454	−400 −487	−400 −540	−400 −620
120	140		−350 −390	−365 −428	−365 −465	−365 −525	−365 −615		−455 −495	−470 −533	−470 −570	−470 −630	−470 −720

续表

公称尺寸 /mm		Z						ZA					
大于	至	6	7	8	9	10	11	6	7	8	9	10	11
140	160		−400	−415	−415	−415	−415		−520	−535	−535	−535	−535
			−440	−478	−515	−575	−665		−560	−598	−635	−695	−785
160	180		−450	−465	−465	−465	−465		−585	−600	−600	−600	−600
			−490	−528	−565	−625	−715		−625	−663	−700	−760	−850
180	200		−503	−520	−520	−520	−520		−653	−670	−670	−670	−670
			−549	−592	−635	−705	−810		−699	−742	−785	−855	−960
200	225		−558	−575	−575	−575	−575		−723	−740	−740	−740	−740
			−604	−647	−690	−760	−865		−769	−812	−855	−925	−1 030
225	250		−623	−640	−640	−640	−640		−803	−820	−820	−820	−820
			−669	−712	−755	−825	−930		−849	−892	−935	−1 005	−1 110
250	280		−690	−710	−710	−710	−710		−900	−920	−920	−920	−920
			−742	−791	−840	−920	−1 030		−952	−1 001	−1 050	−1 130	−1 240
280	315		−770	−790	−790	−790	−790		−980	−1 000	−1 000	−1 000	−1 000
			−822	−871	−920	−1 000	−1 110		−1 032	−1 081	−1 130	−1 210	−1 320
315	355		−879	−900	−900	−900	−900		−1 129	−1 150	−1 150	−1 150	−1 150
			−936	−989	−1 040	−1 130	−1 260		−1 186	−1 239	−1 290	−1 380	−1 510
355	400		−979	−1 000	−1 000	−1 000	−1 000		−1 279	−1 300	−1 300	−1 300	−1 300
			−1 036	−1 089	−1 140	−1 230	−1 360		−1 336	−1 389	−1 440	−1 530	−1 660
400	450		−1 077	−1 100	−1 100	−1 100	−1 100		−1 427	−1 450	−1 450	−1 450	−1 450
			−1 140	−1 197	−1 255	−1 350	−1 500		−1 490	−1 547	−1 605	−1 700	−1 850
450	500		−1 227	−1 250	−1 250	−1 250	−1 250		−1 577	−1 600	−1 600	−1 600	−1 600
			−1 290	−1 347	−1 405	−1 500	−1 650		−1 640	−1 697	−1 755	−1 850	−2 000

公称尺寸大于 500 mm 的 Z 和 ZA 的基本偏差数值没有列入表中。

孔的极限偏差(基本偏差 ZB 和 ZC)ᵃ

上极限偏差 = ES

下极限偏差 = EI

偏差单位为微米(μm)

公称尺寸 /mm		ZB					ZC				
大于	至	7	8	9	10	11	7	8	9	10	11
—	3	−40	−40	−40	−40	−40	−60	−60	−60	−60	−60
		−50	−54	−65	−80	−100	−70	−74	−85	−100	−120
3	6	−46	−50	−50	−50	−50	−76	−80	−80	−80	−80
		−58	−68	−80	−98	−125	−88	−98	−110	−128	−155
6	10	−61	−67	−67	−67	−67	−91	−97	−97	−97	−97
		−76	−89	−103	−125	−157	−106	−119	−133	−155	−187
10	14	−83	−90	−90	−90	−90	−123	−130	−130	−130	−130
		−101	−117	−133	−160	−200	−141	−157	−173	−200	−240
14	18	−101	−108	−108	−108	−108	−143	−150	−150	−150	−150
		−119	−135	−151	−178	−218	−161	−177	−193	−220	−260
18	24	−128	−136	−136	−136	−136	−180	−188	−188	−188	−188
		−149	−169	−188	−220	−266	−201	−221	−240	−272	−318
24	30	−152	−160	−160	−160	−160	−210	−218	−218	−218	−218
		−173	−193	−212	−244	−290	−231	−251	−270	−302	−348
30	40	−191	−200	−200	−200	−200	−265	−274	−274	−274	−274
		−216	−239	−262	−300	−360	−290	−313	−336	−374	−434
40	50	−233	−242	−242	−242	−242	−316	−325	−325	−325	−325
		−258	−281	−304	−342	−402	−341	−364	−387	−425	−485
50	65	−289	−300	−300	−300	−300	−394	−405	−405	−405	−405
		−319	−346	−374	−420	−490	−424	−451	−479	−525	−595
65	80	−349	−360	−360	−360	−360	−469	−480	−480	−480	−480
		−379	−406	−434	−480	−550	−499	−526	−554	−600	−670
80	100	−432	−445	−445	−445	−445	−572	−585	−585	−585	−585
		−467	−499	−532	−585	−665	−607	−639	−672	−725	−805

续表

公称尺寸 /mm		ZB					ZC				
大于	至	7	8	9	10	11	7	8	9	10	11
100	120	−512 −547	−525 −579	−525 −612	−525 −665	−525 −745	−677 −712	−690 −744	−690 −777	−690 −830	−690 −910
120	140	−605 −645	−620 −683	−620 −720	−620 −780	−620 −870	−785 −825	−800 −863	−800 −900	−800 −960	−800 −1 050
140	160	−685 −725	−700 −763	−700 −800	−700 −860	−700 −950	−885 −925	−900 −963	−900 −1 000	−900 −1 060	−900 −1 150
160	180	−765 −805	−780 −843	−780 −880	−780 −940	−780 −1 030	−985 −1 025	−1 000 −1 063	−1 000 −1 100	−1 000 −1 160	−1 000 −1 250
180	200	−863 −909	−880 −952	−880 −995	−880 −1 065	−880 −1 170	−1 133 −1 179	−1 150 −1 222	−1 150 −1 265	−1 150 −1 335	−1 150 −1 440
200	225	−943 −989	−960 −1 032	−960 −1 075	−960 −1 145	−960 −1 250	−1 233 −1 279	−1 250 −1 322	−1 250 −1 365	−1 250 −1 435	−1 250 −1 540
225	250	−1 033 −1 079	−1 050 −1 122	−1 050 −1 165	−1 050 −1 235	−1 050 −1 340	−1 333 −1 379	−1 350 −1 422	−1 350 −1 465	−1 350 −1 535	−1 350 −1 640
250	280	−1 180 −1 232	−1 200 −1 281	−1 200 −1 330	−1 200 −1 410	−1 200 −1 520	−1 530 −1 582	−1 550 −1 631	−1 550 −1 680	−1 550 −1 760	−1 550 −1 870
280	315	−1 280 −1 332	−1 300 −1 381	−1 300 −1 430	−1 300 −1 510	−1 300 −1 620	−1 680 −1 732	−1 700 −1 781	−1 700 −1 830	−1 700 −1 910	−1 700 −2 020
315	355	−1 479 −1 536	−1 500 −1 589	−1 500 −1 640	−1 500 −1 730	−1 500 −1 860	−1 879 −1 936	−1 900 −1 989	−1 900 −2 040	−1 900 −2 130	−1 900 −2 260
355	400	−1 629 −1 686	−1 650 −1 739	−1 650 −1 790	−1 650 −1 880	−1 650 −2 010	−2 079 −2 136	−2 100 −2 189	−2 100 −2 240	−2 100 −2 330	−2 100 −2 460
400	450	−1 827 −1 890	−1 850 −1 947	−1 850 −2 005	−1 850 −2 100	−1 850 −2 250	−2 377 −2 440	−2 400 −2 497	−2 400 −2 555	−2 400 −2 650	−2 400 −2 800
450	500	−2 077 −2 140	−2 100 −2 197	−2 100 −2 255	−2 100 −2 350	−2 100 −2 500	−2 577 −2 640	−2 600 −2 697	−2 600 −2 755	−2 600 −2 850	−2 600 −3 000

公称尺寸大于 500 mm 的 ZB 和 ZC 的基本偏差数值没有列入表中。

附录 C　公差等级及应用

公差等级	应用范围及举例
IT01	用于特别精密的尺寸传递基准,例如特别精密的标准量块。
IT0	用于特别精密的尺寸传递基准及宇航中特别重要的精密配合尺寸。
IT1	用于精密的尺寸传递基准、高精密测量工具、特别重要的极个别精密配合尺寸。
IT2	用于高精密测量工具、特别重要的精密配合尺寸。
IT3	用于精密测量工具、小尺寸零件的高精度的精密配合以及和 C 级滚动轴承配合的轴径与外壳孔径。
IT4	用于精密测量工具、高精度的精密配合和 P4 级、P5 级滚动轴承配合的轴径和外壳孔径。
IT5	用于配合公差要求很小、形状公差要求很高的情况,这类公差等级能使配合性质比较稳定,相当于旧国家标准中的最高精度,用于机床、发动机和仪表中特别重要的配合尺寸,一般机械中应用较少。
IT6	配合表面有较高均匀性的要求,能保证相当高的配合性质,使用稳定可靠,相当于旧国家标准的 2 级轴和 1 级精度孔,广泛地应用于机械中的重要配合。
IT7	在一般机械中广泛应用,应用条件与 IT6 相类似,但精度稍低,相当于旧国家标准的中级精度轴或 2 级精度孔的公差。
IT8	在机械制造中属于中等精度,在仪器、仪表及钟表制造中,由于公称尺寸较小,所以属于较高精度范围,在农业机械、纺织机械、印染机械、自行车、缝纫机、医疗器械中应用量广。
IT9	应用条件与 IT8 相类似,但精度低于 IT8 时采用,比旧国家标准的 4 级精度公差值稍大。
IT10	应用条件与 IT9 相类似,但要求精度低于 IT9 时采用,相当于旧国家标准的 5 级精度公差。
IT11	广泛应用于间隙较大,且有显著变动也不会引起危险的场合,亦可用于配合精度较低、装配后允许有较大的间隙,相当于旧国家标准的 6 级精度公差。
IT12	配合精度要求很低,装配后有很大的间隙,适用于基本上无配合要求的部位,要求较高的未注公差的尺寸极限偏差,比旧国家标准的 7 级精度公差稍小。
IT13	应用条件与 IT12 相类似,但比旧国家标准的 7 级精度公差值稍大。
IT14	用于非配合尺寸及不包括在尺寸链中的尺寸,相当于旧国家标准的 8 级精度公差。
IT15	用于非配合尺寸及不包括在尺寸链中的尺寸,相当于旧国家标准的 9 级精度公差。
IT16	用于非配合尺寸,相当于旧国家标准的 10 级精度公差。
IT17,IT18	用于非配合尺寸,相当于旧国家标准的 11 级或 12 级精度的公差,用于塑料成型尺寸,手术器械中的一般外形尺寸,冷作和焊接用尺寸的公差。